浅层孔隙地下水水质演化机理研究

——以河南洛阳市为例

王现国　刘丕新　董永志　卢予北　著

黄河水利出版社

图书在版编目(CIP)数据

浅层孔隙地下水水质演化机理研究:以河南洛阳市为例/王现国等著.—郑州:黄河水利出版社,2005.7

ISBN 7-80621-918-8

Ⅰ.浅… Ⅱ.王… Ⅲ.地下水-水质-演化-机理-研究-洛阳市 Ⅳ.X824

中国版本图书馆 CIP 数据核字(2005)第 047090 号

策划组稿:王路平 电话:0371-66022212 E-mail:wlp@yrcp.com

出 版 社:黄河水利出版社

地址:河南省郑州市金水路 11 号 邮政编码:450003

发行单位:黄河水利出版社

发行部电话:0371-66026940 传真:0371-66022620

E-mail:yrcp@public.zz.ha.cn

承印单位:黄河水利委员会印刷厂

开本:850 mm×1 168 mm 1/32

印张:4

字数:100 千字 印数:1—1 500

版次:2005 年 7 月第 1 版 印次:2005 年 7 月第 1 次印刷

书号:ISBN 7-80621-918-8/X·17 定价:10.00 元

前言

地下水污染是指在人类活动影响下，地下水质朝着恶化方向发展的现象。不管此种现象是否使水质恶化达到影响使用的程度，只要这种现象发生，就应该视为污染。自1972年西德学者马修斯教授(G. martthess,1972年)提出“地下水污染”的概念开始，随着社会、经济和都市化的发展，不合理开采地下水，工业“三废”排放的增加，环境污染已成为人类所面临的主要环境问题之一，地下水污染与防治工作越来越受到诸多国家的重视，国际地质界自20世纪80年代以来，把研究的重点从地下水资源评价与管理转移到地下水污染与防治上来。

近年来，地下水污染在我国呈现逐渐加剧的现象，全国130个城市连续多年水质监测资料表明，约有64%的城市地下水污染较严重，33%的城市地下水污染较轻，仅3%的城市地下水基本清洁。从单项污染因子看，130个城市中有85%的城市地下水硬度已超过了现行国家生活饮用水标准，超标在12%～100%之间。由此而造成的破坏是巨大的，如北京市每年处理硬水所花费用就高达5 000万元。

洛阳市地下水已受到污染，浅层地下水的总硬度逐年升高，年平均升高值为7.8 mg/L($CaCO_3$)。据不完全统计，洛阳市仅锅炉用水一项每年由地下水硬化所造成的损失达440万元。因此，受洛阳市政府委托，我们开展了洛阳地下水硬化及防治对策研究工作。

本书主要研究的内容如下：

(1)查明洛阳市浅层地下水开采情况,地下水位下降的时空变化规律。

(2)查明洛阳市浅层地下水水质(硬度)的时空变化规律。

(3)查明洛阳市地下水的主要污染源分布、规模等特征。

(4)分析研究洛阳市浅层地下水硬度升高的原因。

(5)通过回灌试验,分析研究地下水硬度的变化特征。

(6)初步分析地表河流水文要素变化及侧渗对岸边地下水硬度的影响特征。

本书借鉴国内外研究成果,通过对洛阳市自然地理、地质概况、水文地质条件、地下水水质现状及历时演变情况的分析,总结出了洛阳市浅层地下水硬度升高的规律,并揭示了硬度升高的原因,建立了预测地下水硬度变化的数理统计模型,提出了防治对策。研究得出的主要结论如下:

(1)洛阳市浅层地下水已受到不同程度的污染,其质量呈现逐年变差的趋势,地下水的总硬度年均上升 7.8 mg/L($CaCO_3$)。

(2)洛阳市浅层地下水硬度升高是受环境污染、地下水开采等多种因素综合影响的结果。受工业污染后李至白马集团一带地下水的硬度已严重超标,最高达 1 992.3 mg/L($CaCO_3$)。

(3)地表河流与浅层地下水之间的联系密切,地表河流水质对岸边地下水的水质影响明显,所以要防止地表河流污染,进而污染地下水。浅层地下水接受低硬度河水的补给,其硬度大大降低,可通过人工调蓄来增加河水对地下水的补给,降低傍河开采水源地浅层地下水的硬度。

(4)用低硬度的地表水回灌,可以降低地下水的总硬度,其效果明显,在完善已有回灌工程的基础上,建设新的回灌工程也是可行的。

(5)加强“三废”排放的管理,严禁乱排乱放,提高污水资源化利用程度,减少污染,保护城市水资源的可持续利用。

(6)调查洛阳市现有地下水的开采方案,在康庄一带加快供水水文地质勘探工作,为城市发展寻找新的后备水资源,减缓城区地下水硬化的趋势。

值此本书出版之际,特别感谢中国地质大学靳孟贵教授(博士生导师),在研究工作过程中对我们的关心和支持,感谢中国地质大学(武汉)梁杏教授、马腾教授等老师,林丽蓉、刘延峰、孙自永、彭涛、刘伟等博士生给予的支持和帮助。

在收集资料和研究工作期间,洛阳市环境保护研究所顾雪荣高工(所长)、刘学善高工(总工程师)、牛波高工、洛阳市环境保护监测站务宗伟高工(总工程师)提供了大量的资料。同时,在撰写过程中引用了国内外有关学者的文献成果。在此一并表示衷心感谢。

作　者

2005 年 2 月

目　录

第1章 绪 论

1.1 选题的依据及意义

地下水污染是指在人类活动影响下，地下水水质朝着恶化方向发展的现象。不管此种现象是否使水质恶化达到影响使用的程度，只要这种现象发生，就应该视为污染。人类开发利用地下水已有悠久的历史，随着人类开发利用地下水活动的加剧，环境条件的改变，人们逐渐觉察到人为活动引起地下水水质发生变化的一些迹象。1972年，西德学者马修斯教授(G. Martthess,1972年)提出了“地下水污染”的概念。随着社会、经济和都市化的发展，地下水不合理开采，工业“三废”排放日益加剧，环境污染已成为人类所面临的主要环境问题之一，地下水污染与防治工作越来越受到诸多国家的重视。国际地质界自20世纪80年代以来，把研究的重点从地下水资源勘察评价转向地下水污染防治。在美国，近二十多年中，已把受污染场地中土壤和地下水污染的去除作为优先考虑的问题，并计划在未来几十年修复30～40个污染场地，费用估计达5 000亿～10 000亿美元；仅1996年，美国在污染场地修复上的花费就高达90亿美元[28]。

近年来，地下水污染在我国逐年加剧，全国130个城市连续多年水质监测资料表明，约占64%的城市地下水污染较严重，33%的城市地下水污染较轻，仅3%的城市地下水基本清洁。从单项污染因子看，130个城市中有85%的城市地下水硬度已超过了现行国家生活饮用水标准，超标范围在12%～100%。地下水污染造成的损失很大，根据公布的有关资料，北京每年处理硬水所花费用高达5 000万元。据不完全统计，洛阳市仅锅炉用水一项每年由地下水硬化所造成的损失达440万元。

洛阳市位于河南省西部,是我国著名的历史文化名城,因居洛河之北,邙山之南而得名。市辖面积约464 km^2,构造部位为洛阳断陷盆地,地貌类型为洛河冲积平原,区内地势平坦,地面海拔在130～150 m。

洛阳市是新中国成立后国家重点建设发展起来的大型工业城市,随着城市规模不断扩大,城市"三废"排放不断增加,环境污染日益加重,地下水质量呈下降趋势,地下水的总硬度愈来愈高,局部已超过现行国家生活饮用水标准,最高达1 992 mg/L(以$CaCO_3$计)。从多年来的水质监测资料分析,洛阳市地下水污染比较严重,污染因子主要以总硬度、矿化度、Cr^{6+}、NO_3^- - N、NO_2 - N、NH_4^+ - N等,硬度逐渐升高已是不争的事实。从水资源可持续发展角度看,应该尽早采取措施,阻止或减轻地下水污染,否则,由此所衍生的环境问题及其经济损失将难以估量。

针对洛阳市已出现的地下水硬度升高现象,为了全面掌握地下水硬度升高规律,分析研究地下水硬度升高机制,并预测其发展趋势,防止地下水质量进一步恶化,我们开展了此项研究工作,目的是为洛阳市水资源开发利用与保护和国民经济的持续发展提供科学支持。

1.2 国内外研究现状

近几十年来,工业化和都市化进程带来了世界范围内地下水水量衰竭和水质恶化,从地下水中检测出的各种元素及其化合物的浓度是罕见的。地下水的污染对于人类社会可持续发展的危害已受到各国政府和公众的广泛关注,自1972年西德学者马修斯教授提出地下水污染的概念以来,德国学者弗里德(J.J.Fried)[6]、美国学者D.W.Miller[8]等以及国内许多专家对地下水污染与防治进行了专门的探讨,取得了显著的成效,在发达国家因基本上都已建设有固体垃圾处理场，因此其对地下水的污染研究仅限于处理场周围的局部地区。美国学者 Bracelona. M. et al.[9] 研究有代表性的垃圾土地填埋淋滤液的化学组分浓度为：K^+，200～1 000 mg/L；Na^+，200～1 200 mg/L；Ca^{2+}，100～3 000 mg/L；Mg^{2+}，100～500 mg/L；Cl^-，300～3 000 mg/L；SO_4^{2-}，10～1 000 mg/L。显然，固体垃圾的淋滤是城市地下水硬度升高的重要污染源。

我国华北平原浅层地下水，北京市、石家庄市、徐州市、峨眉山东麓等地浅层地下水，辽宁金州地区浅层地下水，宝鸡、郑州等地浅层地下水污染较为严重，主要污染因子为地下水硬度。这些地方对地下水硬度升高机理的研究程度较高，地下水硬度升高的原因是复杂的。

据 2002 年我国城市水质污染基本概况统计：130 个城市浅层地下水主要超标因子为总硬度、矿化度、硝酸盐、亚硝酸盐、氨氮、Cl^-、F^-、pH 值等，东北、华北、西南、西北以硬度为第一超标因子，如宝鸡市地下水硬度上升 10.15～74.1mg/L(2002 年)。近年来，有大量的学者从污染源类型，水文地球化学作用等角度出发，对地下水硬度升高机理进行了探讨。

我国学者陈静生[22]等在 1982 年对华北地区主要城市地下水硬度升高机理进行了研究；毕二平(2001 年)[12]、郭永海(1996 年)[17]先后从环境污染、地下水化学环境演化的地球化学模拟等方面对河北平原地下水硬度升高的原因进行了研究。吴勇、覃键雄等(1996 年)[11]通过对浅层地下水中 Ca^{2+}、Mg^{2+} 碳酸盐、硫酸盐络合物的研究，对浅层地下水水质硬化机理做了详细的论述。于开宁(2000 年[13]，1996[18])、王东胜(1995 年[15]，1998 年[16])探讨了石家庄市浅层地下水硬度升高的时空演化，水岩相互作用，氮迁移转化对地下水硬度升高的影响。刘凌(1996 年)[19]对污水灌区地下水硬度升高的机理进行了研究。李绪谦(1994 年)[21]分析了酸雨地区地下水硬度升高的机理。钟佐燊(1984 年)[2]对北京市地下水硬度升高的化学机理进行了探讨，认为当污水中的钠吸附比（SAR）值为 2.13 和 3.52 时，下渗水中所增加的 Ca^{2+} 和 Mg^{2+}，70%来自 Na－Ca 交换，它们分别使硬度（以 $CaCO_3$ 计）增加 94 mg/L 和 60 mg/L。

1.3　研究区水工环地质研究程度及存在问题

1.3.1　研究程度

洛阳市区的水工环地质工作研究程度较高，几十年来，地矿、城建、煤炭、水利、大专院校等部门，为不同的目的在区内开展过多次地质、水文地质、工程地质、环境地质工作，积累了较为丰富的资料，特别是河南省水文地质二队、洛阳市节水办、洛阳市水利局、中国地质大学（北京）、北京大学、洛阳市地矿局等单位，分别进行了一系列的供水水文地质、区域水文地质、地下水水量模拟、地下水动态观测、地质环境监测、地下水资源调查等工作，主要成果如下：

（1）洛阳市 1∶5 万农田供水水文地质勘察报告，河南省水文地质大队，1962 年。

（2）洛南、李楼城市供水水文地质勘察报告，河南省水文地质二队，1972、1980 年。

（3）洛阳市地下水资源评价研究，河南省水文地质二队，1986 年。

（4）涧西深层水水文地质勘察报告，河南省水文地质大队，1971 年。

（5）洛阳市地下水污染现状调查和评价，洛阳市环境监测站，1987 年。

（6）洛阳市 2000 年地下水资源及环境地质问题预测报告，河南省水文地质二队，1988 年。

（7）洛阳市城市地质系列图说明书，河南省水文地质二队，

1989 年。

(8)洛阳市地下水保护区划研究,河南省水文地质二队,1999 年。

(9)洛阳市城市地下水开发利用和保护规划,清华大学,1996 年。

(10)洛阳市地下水动态观测年报,河南省水文地质二队,1984～2003 年。

(11)洛阳市地下水质监测资料,洛阳市环境保护局,1996～2002 年。

(12)洛阳市环境监测报告,洛阳市环境保护局,1995～2002 年。

(13)洛阳市地面沉降研究工作总结,河南省水文地质二队,1986 年。

现已解决的主要问题:①基本查明了洛阳市的区域水文地质条件,特别是浅层地下水含水层条件以及区域地下水补给、径流、排泄条件;②基本掌握了区内地下水动态变化规律和环境地质条件;③建立了地下水位、水温、水质监测网,掌握了洛阳市多年来地下水的开采情况及浅层地下水流场变化特征;④基本查明了洛阳市地下水污染特征及水质时空演化。

1.3.2 存在问题

国内外学者以往在地下水硬度升高方面的研究成果,大多数都是分析研究地下水硬度升高的时空演化规律。近年来,部分学者从水文地球化学作用方面对不同地区、不同污染源对地下水硬度升高的影响进行了研究,但研究程度相对较低。

洛阳市是一个历史悠久的城市,新中国成立后城市工业有了很大的发展,但城市生活污染和工业污染比较严重,地下水已明显受到污染,地下水质量逐年变差,尤其是浅层地下水硬度明显上升,而前人在此方面还没有做过系统的专门研究。洛阳市随着城市规模的不断扩大,地下水的开采量不断增加。目前,已有8个集中开采地下水的水源地,地下水流场相继发生了变化,初步分析得知地下水硬度上升与地下水人工开采存在一定的关系,如在时空分布演化上有一致性,因此对地下水硬度升高机理研究亟需进一步研究。

本文重点要解决的问题是:

(1)探讨洛阳市浅层地下水硬度升高的形成机理。

(2)分析回灌试验条件下地下水硬度的变化特征。

(3)初步分析地表河流水文要素变化及侧渗对岸边地下水硬度的影响。

1.4 主要研究内容与技术路线

1.4.1 研究区范围

洛阳市位于黄河中下游的河南省西部,地处东经111°08′~112°59′,北纬33°39′~35°05′,是豫西山地与东部黄淮平原的过渡地带,南北纵跨234 km,东西横卧254 km,总面积15 208.6 km^2,本课题研究区范围是洛阳市市区(不包括吉利区),面积为464 km^2。洛阳市地理位置图见图1-1(阴影部分为研究区)。

研究区位于伊洛河盆地西部,是冲积河谷平原,城市区沿洛河北岸呈狭长地带东西分布,北依邙山、南望龙门、西靠小秦岭、东望伊洛川,形成西高东低之趋势,区内地势平坦,海拔标高多在130~150 m。

1.4.2 研究内容

研究目标:通过分析研究,搞清洛阳市浅层(80 m以上)地下水硬度升高的原因,并提出初步的防治措施。

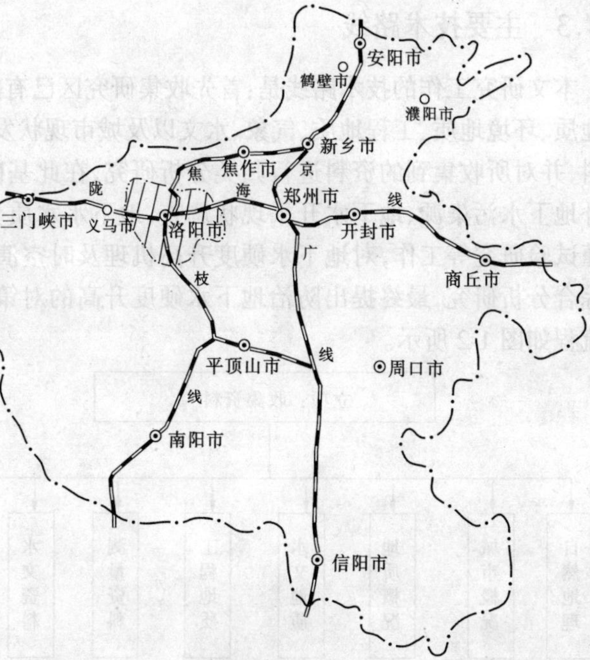

图 1-1　洛阳市地理位置图

研究内容：①查明洛阳市浅层地下水开采情况以及地下水水位下降的时空变化规律；②查明洛阳市浅层地下水水质(硬度)的时空变化规律；③查明洛阳市地下水的主要污染源分布、规模及特征；④探讨洛阳市浅层地下水硬度升高的形成机理；⑤开展回灌试验，分析回灌试验条件下地下水硬度的变化特征；⑥初步分析地表河流水文要素变化及侧渗对岸边地下水硬度的影响。

拟解决的关键问题：①不同类型的污染源(工业废水，城市生活污水)引起地下水硬度升高的机理研究；②地表河水及人工回灌对地下水硬度的影响机制。③地下水集中水源地保护区划分研究。

1.4.3 主要技术路线

本文研究工作的技术路线是：首先收集研究区已有的地质、水文地质、环境地质、工程地质、气象、水文以及城市现状发展规划等资料，并对所收集到的资料进行归类分析研究，在此基础上，通过野外地下水污染源、地下水开采现状调查，地下水水质分析、人工回灌试验研究等工作，对地下水硬度升高机理及时空演化规律进行综合分析研究，最终提出防治地下水硬度升高的对策。技术路线流程如图 1-2 所示。

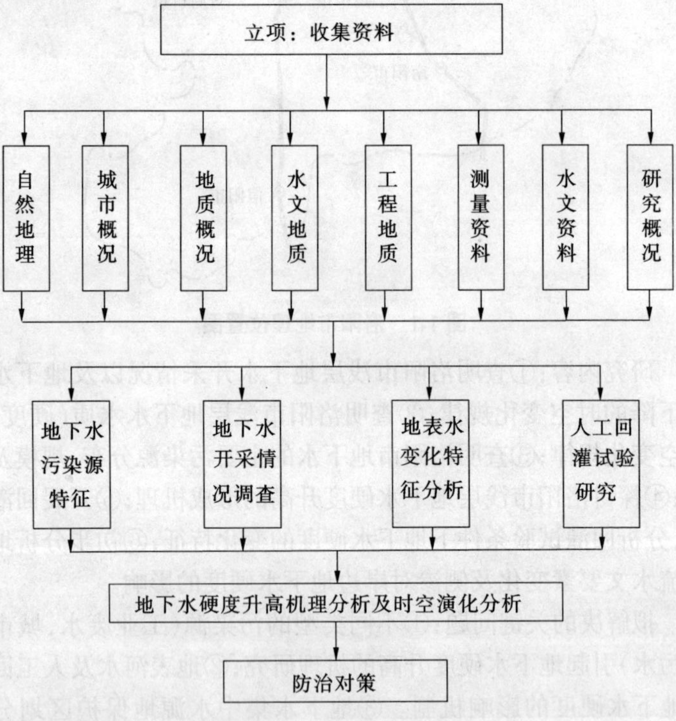

图 1-2　技术路线流程图

第2章　地质环境条件

2.1　自然地理概况

2.1.1　概况

洛阳市区曾是九朝古都，有1 400多年的建城历史，历史上进行过大规模的城市建设及人类活动，对地下水有生活污染影响，但没有大规模的地下水开采。20世纪50年代以来，随着工业生产污染及城市生活污染日趋严重，对地下水环境产生了明显的影响。

研究区包括老城、西工、廛河、涧西及郊区等五个区，总人口132.4万。人口密度达到2 500人/km^2，供水量约2.2亿m^3。

1998年，洛阳市国民生产总值达360亿元以上，工业以机械加工业为主体，兼有冶金、建材、石化等多门类工业体系，目前产业结构正在调整，第三产业所占份额正在上升。城市基础建设如道路、供气、污水处理厂等工程，已开始大规模建设。

2.1.2　地形地貌

2.1.2.1　地形

洛阳市地处洛阳—偃师盆地的西端。总地形为北、西及南部三面高，中部低，呈向东敞开的簸箕形。中部为伊河、洛河和涧河河谷平原，总地势西高东低，海拔125～180 m。市区地形宽广平坦，土地肥沃，美丽富饶。东部伊、洛河平原南北宽达15 km，西部洛河河谷平原和涧河河谷平原平均宽度分别为6 km和3.5 km，洛阳市城区及郊区大部分坐落在平原之上。北、西及南三面为黄土台塬及龙门基岩低山，与河谷平原呈台阶状，前缘陡坎相对高差

50 m左右。北部俗称“邙山岭”,西部俗称“小秦岭”,南部一般统称为“龙门山”。邙山岭东西横贯,地势西高东低,海拔240～300 m,冲沟较发育。小秦岭总地势亦西高东低,海拔260～400 m,沟谷发育。龙门山海拔300 m,因伊河切割基岩形成峡谷遂称“龙门”,又称“伊阙”,峡谷长千余米,深百余米,宽150～200 m,两岸陡崖峭壁,佛龛层层。

2.1.2.2　**地貌**

洛阳市区是洛阳—偃师盆地的一部分。为喜山运动以来由于断块陷落幅度较大地区,堆积作用形成。晚更新世以前,近代洛阳盆地范围较小,近似封闭状。中更新世末,伊河、洛河、涧河进入洛阳盆地,拓宽和堆积作用的结果,形成了宽广的冲积平原,扩大了原盆地的范围,并使洛阳市的地貌形态愈加复杂。

洛阳市地貌形态大致可分为三大类型,即盆地内部为河谷平原,周围为黄土台塬和基岩山地(见图2-1)。

(1)基岩山地:指南部龙门山基岩出露地区,属低山丘陵,由碳酸盐岩和煤系地层构成,新生界地层多有覆盖。

(2)黄土台塬:包括前述提到的邙山岭、小秦岭和龙门山的一部分。构造上为喜山期断块陷落幅度极微弱的地区,上第三系洛阳组地层构成基础,上部堆积风积黄土相地层。因长期遭受侵蚀,冲沟发育,地形破碎,沟间地呈岗丘状或岗状。

(3)河谷平原:为伊河、洛河侵蚀堆积而成的冲积平原。宽阔平坦,发育多级河流阶地。伊河、洛河最高级为二级阶地,涧河则有三级阶地(见图2-2)。河谷平原与黄土台塬接壤地带,除保存近代洛阳盆地早期形成的坡洪积阶地之外,在冲沟沟口处,还分布着近代扇状洪积小平原(称“洪流平地”)。伊河、洛河河流阶地,在近代盆地中部呈上迭式,其他地区则为嵌入式或内迭式(见图2-3)。

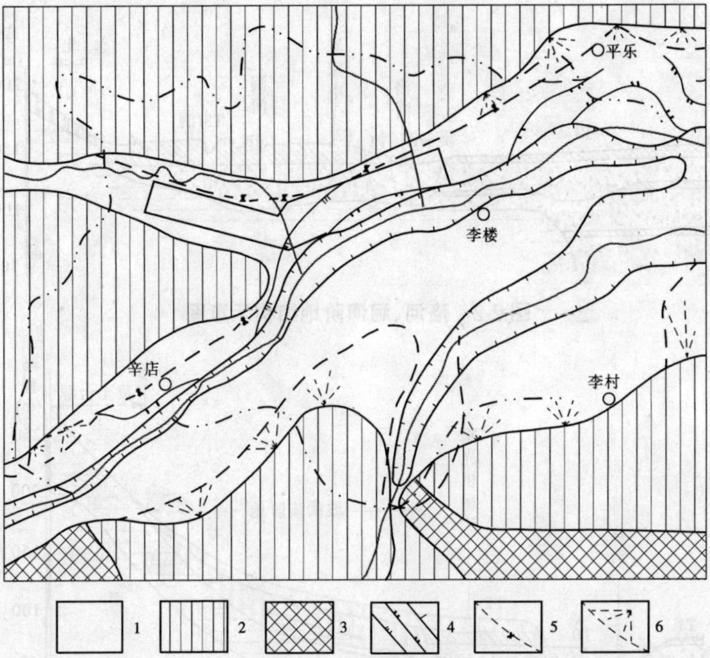

图 2-1　洛阳市地貌略图

1—河谷平原;2—黄土台塬;3—基岩山地;4—河流阶地前缘界线;
5—坡洪流阶地前缘边线;6—近代洪流平地前缘界线及洪积扇

2.1.3　气象水文

2.1.3.1　**气象**

洛阳市属温带半湿润季风气候区,春夏秋冬四季分明。由于东亚湿润季风和西北干燥季风交替影响,年内气候出现明显的干湿两季。一般冬春西北季风较强,气温低,空气干燥;夏秋东亚季风较强,气温高,湿润多雨,常有涝汛。

据洛阳气象站 1951～1986 年资料,洛阳市降水量多年平均为

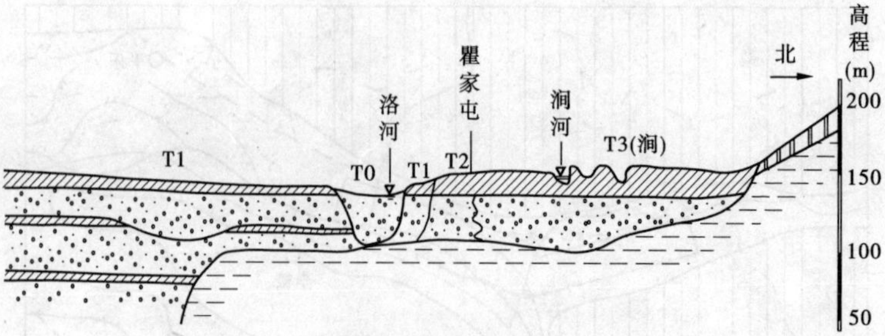

图 2-2　洛河、涧河阶地结构示意图

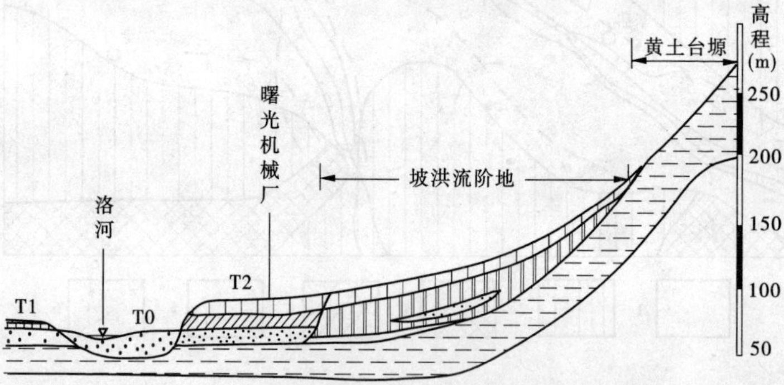

图 2-3　洛阳市西部河谷平原阶地结构示意图

608.9 mm，最大年降水量 1 063.2 mm(1964 年)；最小年降水量 337.9 mm(1965 年)。6～9 月历年平均降水量为 381.9 mm，占全年降水量的 63%。1 月、2 月及 12 月三个月历年平均降水量为 27.5 mm，仅占全年降水量的 5%。蒸发量历年平均值为 1 822.4 mm；最大年蒸发量1 988.6 mm(1971 年)；最小年蒸发量 1 296.7 mm(1984 年)。历年平均气温 14.6 ℃，严冬元月气温最低(平均气温 0.4 ℃)，极端最低气温 −18.2 ℃(1969 年 2 月 1 日)；7 月气温最高(平均 27.4 ℃)，极端最高气温 44.2 ℃(1966 年 6 月 20 日)；平均气温差 27 ℃。历年平均相对温度 64%，年无霜期218天。洛阳市气候要素见图2-4。

据洛阳气象站1971～1978年资料，洛阳市主导风向为北西西向和北东东向。若以西、北西西及北西向统称为“西北风”，东、北东东及北东向统称为“东北风”，则西北风和东北风频率分别为21%和24%，其平均风速分别为2.6～3.4 m/s和1.9～3.1 m/s。其次为西南风，频率13%，平均风速1.9～2.1 m/s(见图2-5)。

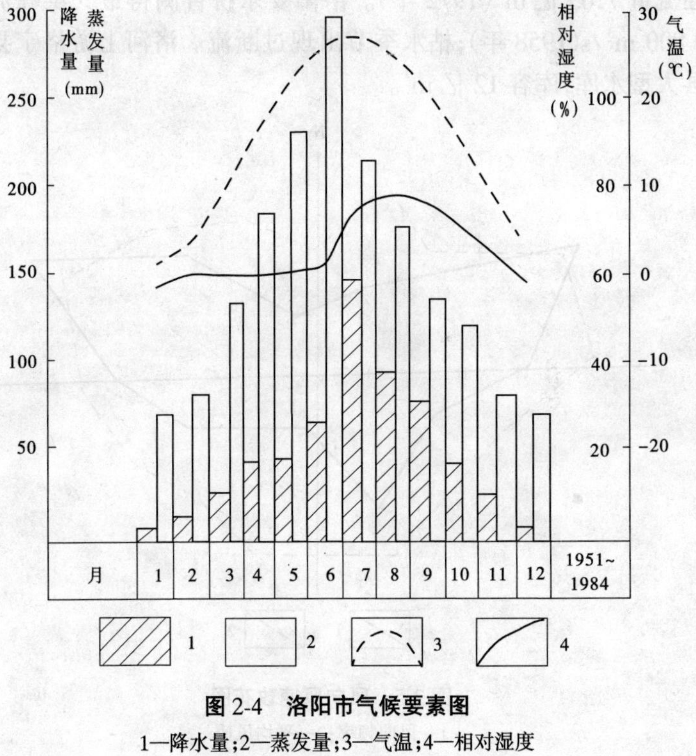

图2-4 洛阳市气候要素图

1—降水量；2—蒸发量；3—气温；4—相对湿度

2.1.3.2 水文

洛阳市为“黄河之子”。伊河、洛河从区内穿流而过，于东部偃师境内汇为伊洛河，而于巩义黑石关附近注入黄河；另有涧河和廛河两支流于城区汇入洛河，构成洛阳市主干径流网。其余无数冲沟及小支流均从周围汇聚盆地之中。

洛河源于陕西省的少华山，经卢氏、洛宁、宜阳进入市区，全长449 km，流域面积12 100 km^2。市内洛河长度38 km，河床纵比降0.46‰～2‰。据宜阳水文站1955～1985年资料，历年平均径流量为19.33亿m^3；最大年径流量55亿m^3左右(1964年)；最小年径流量7.03亿m^3(1972年)。洛阳安乐桥曾测得最大洪峰流量9 800 m^3/s(1958年)；枯水季节出现过断流。洛河上游洛宁县故县大型水库，库容12亿m^3。

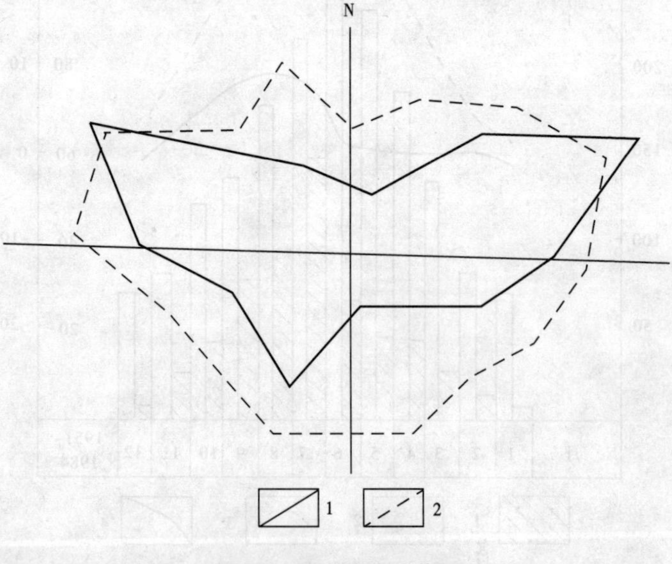

图2-5　风向风速玫瑰图

1—风向频率；2—平均风速

伊河源于栾川县境伏牛山，经栾川、嵩县、伊川进入市区，全长347 km，流域面积5 857 km^2。市区内长度17 km，河床纵比降1‰～2.5‰。据龙门水文站1952～1985年资料，历年平均径流量为 11.24 亿 m^3;最大年径流量 31.5 亿 m^3(1964 年);最小年径流量 3.42 亿 m^3(1979 年)。最大洪峰流量 6 850 m^3/s(1958 年)。伊河嵩县境内的陆浑水库于 1960 年建成使用,设计库容 11 亿 m^3。多年基本运行方式为汛期调洪、非汛期蓄水灌溉。

涧河源于渑池县西峭山余脉,经渑池、新安进入市区,全长 130 km,流域面积 1 350 km^2。市区内长度 20 km。据新安水文站 1959～1985 年资料,历年平均径流量为 1.0 亿 m^3;最大年径流量 3.089 亿 m^3(1964 年);最小年径流量 0.295 亿 m^3(1979 年)。

瀍河源于孟津县,于洛阳市老城东关入洛,全长 30 km,流域面积 240 km^2。市区内长度 10 km,年径流量约 0.28 亿 m^3,多年来已近干涸。

2.1.4 地层与地质构造

2.1.4.1 地层

洛阳市分布和出露的地层几乎全为新生界,仅南部龙门低山则出露前新生界基岩。

1)前新生界

前新生界为寒武系碳酸盐岩和石炭—二叠系地层。地层走向近东西,倾向北偏东,倾角 8°～15°。

2)新生界

新生界为新近系和第四系。因下第三系零星出露在延秋附近,叙述从略。

新近系中新统洛阳组:广泛分布于洛阳西部和南部,其余地区掩埋于第四系地层之下,仅于北部邙山岭的沟谷中零星出露。其岩性为:下部以浅黄色泥灰岩;上部浅红,棕红色砂质泥岩夹泥灰岩、砂砾岩。东沙坡可见厚度 12～83 m。洛阳组构成了"近代洛阳盆地"之"基底",亦为外围黄土台塬之"基础"。

新近系上新统:小范围分布于洛阳西部。主要岩性为紫红、褐红色黏土—亚黏土夹多层钙质结核层及透镜状砾石层。黏土中含多量钙质结核,黑色铁锰质发育,并见灰绿色斑块;砾石成分多为钙质结核,少量为石英岩。

第四系分为两大岩相,即"风积黄土相"和"冲洪积砂卵石相"。

• 冲洪积砂卵石相

多分布于近代洛阳盆地中心部位,厚度巨大。第四纪以来连续堆积,上下地层岩性极近一致,钻探取样多为卵石。卵石成分为浅色石英岩、石英砂岩、长石石英砂岩和暗色火山岩;直径7~12 cm者居多,大者15 cm或更大;次棱—次圆状;分选性差。根据物探测井曲线解译和其他一些标志,第四系划分为上、中、下更新统及全新统,其地层特征如下。

下更新统:卵石层夹亚砂土及砂透镜体,顶部为浅黄色黏土。卵石之间多充填灰绿色泥砂,近似胶结。卵石多有风化,较深者手捏即碎,揉搓即成粉末。分布于近代洛阳盆地中心地带,军屯附近厚度25 m。

中更新统:下部与下更新统相似。卵石中充填的泥砂明显减少,风化亦较之为轻。上部与上更新统接近,只是亚砂-亚黏土夹层多于上更新统。近代洛阳盆地中部厚度最大,军屯附近86.3 m。盆地边缘亦有堆积,厚度小于10 m。

上更新统:亚黏土、砂卵石夹粉砂透镜体。砂卵石疏松,期间无泥质充填,或局部略含泥质。卵石直径最大者达20 cm以上。其厚度:盆地中部大于50 m;辛店附近小于15 m;涧西—白马寺25~55 m。

全新统冲积物为砂卵石。上部堆积砂、亚砂土及亚黏土,砂卵石与上更新统近似。魏屯—花园以西洛河河谷及涧河河谷全新统厚度小于10 m;该线以东25~50 m,其中砂卵石厚度18~43 m。

另外,盆地边缘的冲沟沟口,分布全新统的洪积亚黏土及砂砾透镜体,厚度小于5 m。

• 风积黄土相

多分布于近代洛阳盆地外围的黄土台塬及北部边缘。地层之间多为不整合接触,其主要岩性为黄土夹古土壤层,有红褐色及红黄色黏土—亚黏土相间,层间有或无钙质结核层;上部为棕黄色黄土状土夹数层红褐色古土壤,多者可见8层。黄土状土具大孔隙,垂直节理发育。中更新统黄土多分布于“邙山岭”,盆地边缘亦有分布。厚度因侵蚀程度不同而变化较大。

上更新统:褐黄色黄土夹一层棕褐色古土壤。黄土疏松,具多量大孔隙,垂直节理发育,厚度一般5 m左右。在黄土台塬区沟谷中及盆地的河流高阶地上多有分布。

全新统:灰褐色、褐黄色黄土状土,底部为黑褐色古土壤(黑垆土)。在上更新统黄土之上多有堆积,厚度1 m左右。市区分布普遍,最大厚度8 m(可能包含部分人工活动沉积)。

2.1.4.2 **构造**

“古洛阳盆地”为断坳盆地,是在燕山期挤压应力场之下形成的。主应力方向为北西—南东。表现为嵩山和中条山靠近并隆起,因此而形成嵩山背斜和洛阳—偃师向斜。伴随着褶皱的形成,而出现北东和北东东向的挤压断裂,以及北北东和北西西向一组“X”形剪切破裂面。由于各种构造破裂面的形成,致使古洛阳盆地的基底被切割成众多的块状地质体(称为“断块”),并因坳陷而堆积了3 500多米厚的新生界。

喜山期古洛阳盆地则受到相反方向拉张作用力,表现为嵩山和中条山相向推移。原盆地基底因破裂面切割而成的断块则呈现不同程度的陷落,陷落断块周边显示张性或张扭性。

陷落断块的排列方向大致呈北东东向。幅度较大的断块在洛河南军屯一带。根据第四系沉积物的厚度推算,断块沉降速率平均每年0.1 mm。其余地区因断块下降幅度小或不显示下降趋势,相对于陷落断块而表现为不同程度的隆起。洛阳市地质构造特征见图 2-6。

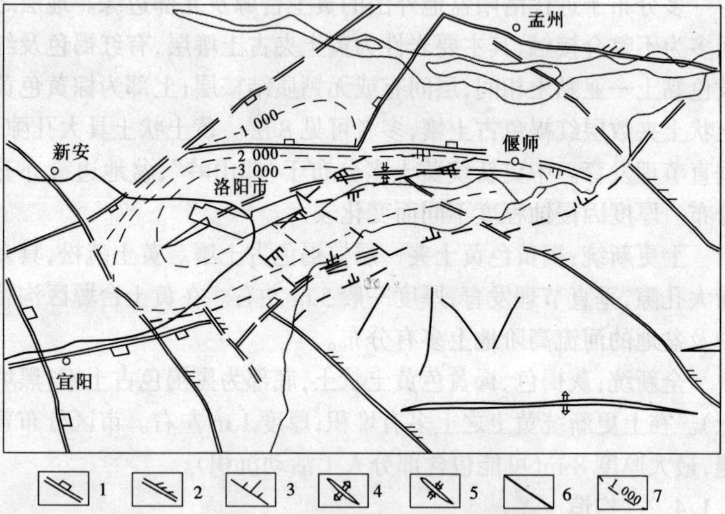

图 2-6　洛阳市地质构造特征图

1—压性断裂；2—扭性断裂；3—张性断裂；4—背斜轴；
5—向斜轴；6—地质不明带；7—新生界等厚度线(m)

2.2　水文地质条件

2.2.1　地下水的类型

根据地下水赋存条件、水理性质和水力特征，洛阳市地下水类型可以划分为松散岩类孔隙水、碳酸盐岩类裂隙岩溶水、碎屑岩裂隙水三大类型。其中，松散岩类孔隙水广泛分布，是洛阳市工、农业用水的主要开采层，城市供水水源全部归属此类。其他类型的地下水，由于分布范围小、富水性差、供水意义不大，在此不做论述。

松散岩类孔隙水广泛分布，是本区主要地下水类型。根据其埋藏条件可进一步划分为浅层水和中深层水。其中，浅层地下水是本次研究工作的对象。

浅层水分布在河谷平原区，主要赋存于上更新统及全新统冲积砂卵石中，属潜水或半承压水，含水层底板埋深一般为50～80 m，最大100 m；现状条件下，地下水位埋深小于30 m，由于含水层厚度、岩性的差异，其富水性差异较大，各地区浅层地下水的富水程度亦不大相同。

(1)水量极其丰富地区。分布在洛龙公路—潘寨的伊、洛河河间地块，包括部分漫滩地段，含水层岩性主要为砂卵石，厚度50～80 m，最厚100 m。水位埋深2～13 m，单位涌水量大于100 $m^3/(h\cdot m)$，最大为447 $m^3/(h\cdot m)$。洛阳市李楼供水水源地位于该区，设计供水能力为16万 m^3/d。

(2)水量丰富地区。分布在位屯—花园以东，洛龙公路以西及伊河两侧，为洛河、伊河的漫滩及一级阶地区。含水层主要为砂卵石，厚度一般40～50 m，地下水位埋深西部10～20 m，伊河两岸2～5 m，单位涌水量50～100 $m^3/(h\cdot m)$。

洛阳市的张庄、临涧、洛南三个供水水源地分布在该区，均已长期开采，现已形成以洛南—张庄为中心的地下水开采降落漏斗。

(3)水量较丰富地区。分布在涧西谷水及陇海铁路以南的市区至白马寺一带及位屯—花园以西的洛河两侧，为洛河二级阶地和涧河三级阶地及部分伊河、洛河一级阶地及漫滩区。含水层岩性为砂卵石及砂透镜体，厚度10～20 m，局部地段为30余米。地下水位埋深变化较大，市区25～30 m，白马寺一带小于20 m，位屯—花园以西洛河两侧小于10 m，单位涌水量10～50 $m^3/(h\cdot m)$。洛阳市下池、五里堡、王府庄、后李、白马寺供水水源地分布在该区。此外市区还分布许多自备井开采该层地下水。

(4)水量贫乏和极贫乏地区。分布在河谷平原的边缘地带，为洛河及涧河部分高阶地和坡洪流阶地，含水层主要为砂砾石及泥质砂卵石，厚度小于5 m，水位埋深大于20 m，单位涌水量小于10

$m^3/(h·m)$。

位屯—花园以东的伊河、洛河及涧河河谷平原中的浅层地下水,水量从极丰富到较丰富,是洛阳市城市供水的主要基地,已建成的9个城市供水水源地全部位于该地区,已有8个水源地经历长期开采。该区又是洛阳市农业粮食蔬菜生产基地,农业开采强度亦较大。

2.2.2 地下水的补给、径流、排泄条件

洛阳市浅层地下水主要来自大气降水入渗、河流侧渗、河流渗漏、灌溉水回渗,渠系渗漏补给、侧向径流补给等。据地矿部门资料,洛阳市浅层地下水总补给量约2.75亿m^3/a,其中大气降水入渗补给占8.5%,渠系渗漏补给占17.9%,灌溉回渗补给占11.8%,河流渗漏补给占54.2%,由此可见河流是洛阳市浅层地下水的主要补给来源。

地下水的径流除受地形、地貌、水文地质条件控制外,还与人工开采强度密切相关。自20世纪70年代以来,洛阳市浅层地下水的流场特征发生了巨大的变化,究其原因,主要是受人工开采的影响的结果。现状条件下,在市区已形成一条近东西向展布的地下水低槽带,地下水由两侧向低槽中心流动;在张庄、洛南水源地一带已形成地下水开采降落漏斗,地下水由四周向漏斗中心流动。

洛阳市地下水的排泄方式主要以人工开采、侧向径流排泄为主,其次为蒸发排泄。据统计,1997年全市地下水人工开采量为31 181.43万m^3/a,占全市地下水排泄量的71.84%,其中自备井开采量为6 366.33万m^3/a,集中供水水源地开采量15 648.7万m^3/a,农业开采量7 500.00万m^3/a;地下水侧向径流排泄量为10 202.3万m^3/a(包括河流排泄量),占总排泄量的23.15%;蒸发排泄量为2 017.71万m^3/a(包括分布在伊南及河漫滩区),占总排泄量的4.65%。

2.2.3 地下水动态特征

洛阳市地下水动态(水位、水量、水质)特征主要受气象、水文、人为因素的影响。在河流沿岸附近地带,地下水动态变化特征主要受河流水文要素变化的影响,距河越远,影响程度逐渐减弱;在市区及城市供水水源地开采区,地下水动态特征主要受人工开采因素的影响;在农业区,地下水动态受气象、灌溉、人工开采诸因素的影响。根据影响地下水动态变化的主要因素,洛阳市地下水动态可划分为以下几种类型。

2.2.3.1 水文型或气象水文型

该类型分布在河漫滩区及一级阶地前缘地带,一般无开采或少量开采,其动态主要受河流水文要素变化的影响,地下水位的升降与河流水位涨落同步,年变幅 1.5~2.0 m,表明河水与地下水关系密切。

2.2.3.2 气象—灌溉—开采型

该类型分布在洛阳市的广大郊区(城市供水水源地除外),地下水动态受气象、灌溉和人工开采的影响。地下水动态变化与气象变化周期相一致,丰水期水位抬升,枯水期水位下降;除此之外,还受到人为因素的控制,区内农田灌水除了利用地下水外,还引用地表水灌溉,农灌季节在引地表水灌区地下水位回升,上升幅度可达 0.5 m 左右(据访问)。而在利用地下水灌溉区,地下水变化与人工开采规律相一致。所以,该区地下水动态特征是受降水、灌溉、人工开采综合影响的结果。

2.2.3.3 开采型

该类型分布在市区和城市集中供水水源地区,地下水动态主要受开采影响。目前,市区已形成一条近东西向的地下水低水位带,在张庄—洛南供水水源地已形成一个复合的地下水开采降落漏斗,地下水由四周向漏斗中心流动。另外,由于人工开采,从张庄桥至安乐桥地下水与河水位完全脱节，河水以渗漏的方式补给地下水。该区地下水动态变化规律与人工开采密切相关。地下水位年变幅为3～4.5 m。

2.2.3.4 径流型或径流—开采型

洛阳市中深层地下水动态变化与降水补给有关，但反应迟缓，局部地段亦受开采影响。从动态资料看，水位在每年9月至翌年3月维持高峰，4月开始下降，至6～8月达低值，年变幅2～3 m，水位上升期较雨季滞后2～3个月，水位下降期较雨季滞后5个月左右。表明中深层水的补给来源较远，其保护条件好。

2.2.3.5 浅层地下水的多年动态变化特征

区内浅层地下水的多年动态变化规律除与气象水文因素有关外，与人工开采因素亦密切相关。从区内多年来地下水的动态变化曲线可以看出，浅层地下水动态多年变化规律与气象、水文变化周期相吻合，丰水年地下水位上升，枯水年地下水位下降，年变幅0.4～6.0 m；但是，多年来区内地下水的开采量逐年增大，地下水位表现为逐年下降，从1984年以来，地下水位下降1.5～4.0 m不等。

在市区，由于各单位自备井开采，现已形成近东西向展布于市区的地下水低槽带，低槽宽度及长度多年来呈增大趋势。低槽带地下水水质差，硬度较高，且呈逐年增高趋势，部分水井超过现行《生活饮用水水质标准》。洛河位屯桥—安乐桥段，由于人工长期大量在两岸开采地下水，导致地下水位下降，并与河水"脱开"，也就是说，由70年代河水排泄地下水，变为80年代初河水侧渗补给地下水，进而变为河水以垂直渗漏方式补给地下水，这种补排方式的变化，主要是因人工开采所致。

2.2.4 地下水开采现状

洛阳市区1957年以来集中开采地下水，随着工农业生产及城市的不断发展,供水量逐年增加,开采规模不断扩大,城市供水以集中开采为主,农业用水则以分散开采为主。洛阳市区现有8个集中供水水源地及一个加压站,1998年供水达1.6亿 m^3(见表2-1),其中洛南、李楼规模较大,年供水近1亿 m^3,后李水源因污染而停产。

表2-1 洛阳市地下水主要水源地开采状况

开采地点	设计(万 m^3/d)	实际供水(万 m^3/d)	1998年供水(万 m^3/d)
张庄	4.5	4.2	4.53
洛南	13.0	15.5	14.89
临涧	4.5	5.2	5.15
王府庄	0.6	1.2	1.18
五里堡	3.0	3.5	3.42
李楼(包括下池)	16.0	12.0	11.82
东郊			0.43
加压站	0.1		0.19

最大的供水水源地洛南供水情况如下:1993年,5 149.5万 m^3;1994年,5 480.0万 m^3;1995年,5 978.6万 m^3;1996年,5 687.3万 m^3;1997年,5 776.7万 m^3;1998年,5 436.3万 m^3。

从1994年后洛南水源地供水超过5 400万 m^3,其中1995年供水近6 000万 m^3,使区域地下水动态发生了很大的变化,抽水降落漏斗从张庄一带由洛河北逐步向洛河南转移。

此外,尚有部分厂矿、企事业单位建立自备井供水系统,区内共有自备井300眼以上,相对集中分布于关林、龙门、李屯、白马寺集团—玻璃厂—铁路东站等地段,年开采量一般为0.5亿~0.7亿 m^3。郊区农业灌溉和农村生活用水约为0.7亿 m^3。因此,目前本区域年开采地下水总量为2.8亿~3.0亿 m^3,其中约有0.3

亿 m^3 的地下水来自非潜水含水层系统。

城市集中供水有几个重要阶段：50 年代末不超过 1 000 万 m^3，至 70 年代末的 1978 年达到 9 000 万 m^3，至今 8 个水源地总供水 1.6 亿 m^3（见表 2-2）。地下水环境的历史变迁与此有着密切的关联。

表 2-2　洛阳市历年供采水简表

年份	人口（万）	集中采水（亿 m^3）	自备井（亿 m^3）
1962	53	0.35	0.05
1977	84	0.84	0.16
1978	85	0.92	0.30
1994	120	1.50	0.60
1998	132.4	1.60	0.60

表 2-2 显示，由于经济形势的变化，1977 年到 1978 年，采、供水有一个较大幅度的变化，1994 年至今又有一个较大幅度的变化。

2.3　地下水化学特征

2.3.1　地下水一般化学特征

根据 1998 年度洛阳市地下水水质分析资料（共 210 个点）进行统计，按舒卡列夫分类法，地下水类型以 HCO_3-Ca、$HCO_3-Ca\cdot Mg$ 为主，主要分布在河流冲积平原区中的涧西区、西工区、老城区、东部地区、辛店区、伊洛河间地块等地；其次为 $HCO_3-Ca\cdot Na$ 和 $HCO_3-Ca\cdot Na\cdot Mg$ 水，主要分布在北部邙岭地区、5111 厂、150 医院、张庄、第二精神病院、白马寺等地；$HCO_3\cdot SO_4-Ca$ 和 $HCO_3\cdot SO_4-Ca\cdot Mg$ 水主要分布在上河，龙沟西部庄、曹屯、棉织厂、五女冢、春都集团一带；还有 $HCO_3\cdot Cl-Ca$、$HCO_3\cdot Cl-Ca\cdot Mg$、$HCO_3\cdot Cl-Ca\cdot Na$、$HCO_3-Ca\cdot Na\cdot Mg$ 水零星分布在范滩、省有色地质二队等地。

洛阳市区浅层地下水一般均无色、无嗅、无异味。年平均水温为17.43 ℃,pH值平均为7.46,呈弱碱性,硬度一般约为321.4 mg/L($CaCO_3$),平均矿化度为0.5 g/L。地下水中常量组分Ca^{2+}含量在90 mg/L左右;Mg^{2+}含量平均为25 mg/L;$Na^{+}+K^{+}$在15~25 mg/L;HCO_3^{-}含量在300~400 mg/L之间;SO_4^{2-}含量平均为53.2 mg/L;Cl^{-}含量平均在35~60 mg/L;硝酸盐氮平均含量为8.17 mg/L。

2.3.2 浅层地下水成分的动态特征

根据对洛阳市各水源地地下水主要化学组分长期观测资料的分析,研究区浅层地下水化学成分具有以下动态变化特征(详见图2-7~图2-12及表2-3)。

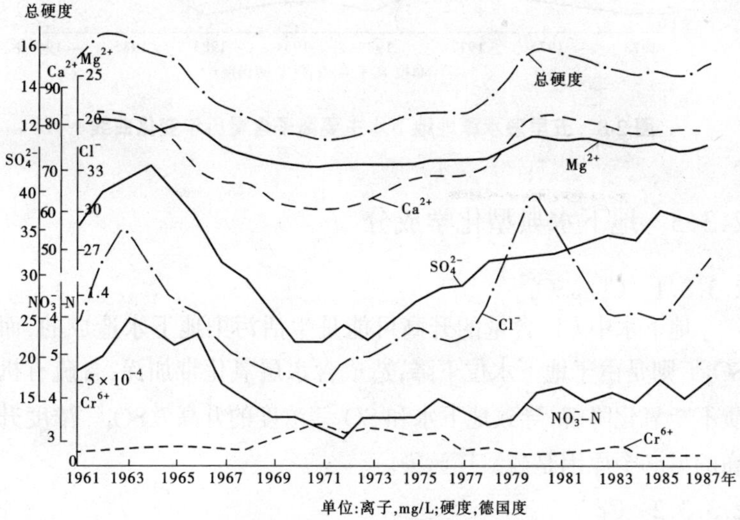

图2-7 下池水源地地下水主要离子含量历年变化曲线

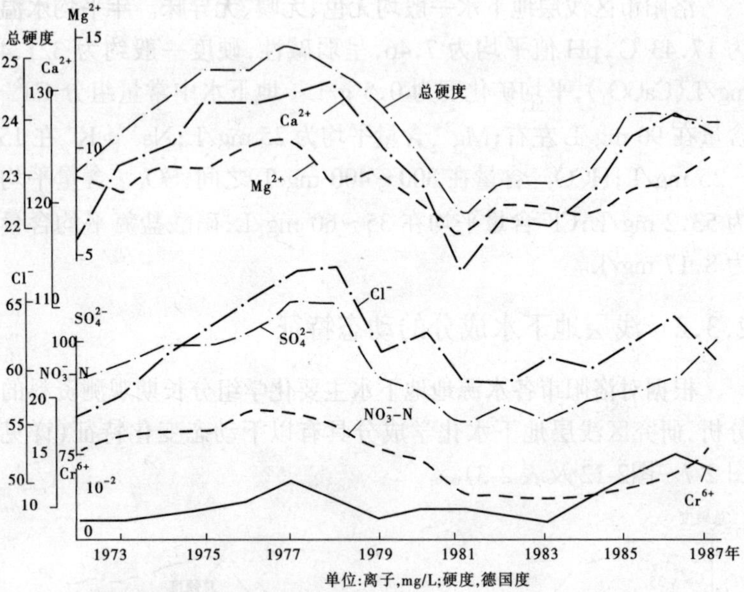

图 2-8　五里堡水源地地下水主要离子含量历年变化曲线

2.3.3　地下水典型化学成分

2.3.3.1　Cl^-、SO_4^{2-}

地下水中 Cl^- 含量的升高可能是生活污染地下水造成的，而 SO_4^{2-} 则是由于地下水位下降，造成含水层氧化带加深，含硫有机质不断氧化降解，导致地下水和 SO_4^{2-} 浓度的升高。SO_4^{2-} 浓度升高的另一个原因是硫酸厂污染。

2.3.3.2　Cr^{6+}

临涧、张庄和五里堡水源地铬离子含量大幅度上升，其他水源地含量较小，无明显的影响。临涧、张庄两水源地位于涧河两侧。

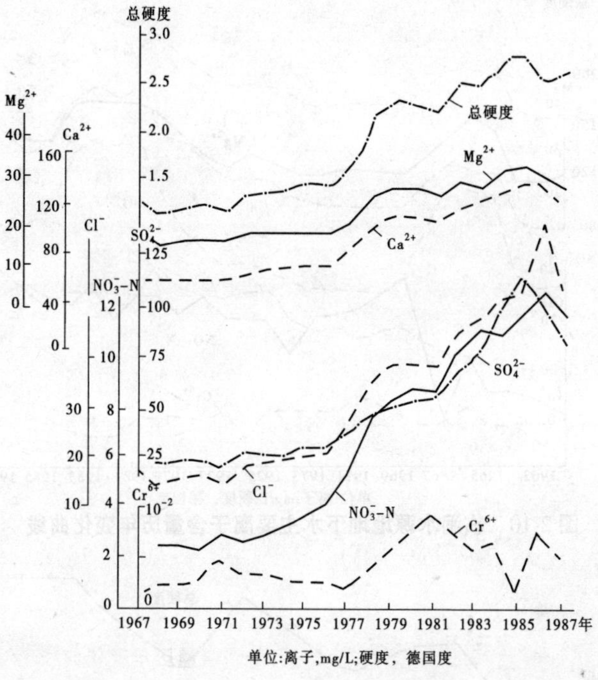

图 2-9　张庄水源地地下水主要离子含量历年变化曲线

涧西区大量含 Cr^{6+} 废水排往大明渠，通过大明渠输送至涧河，进而污染上述二水源地。五里堡水源 Cr^{6+} 可能与瀍河中 Cr^{6+} 污染有关，因附近工矿企业的工业废水均排往瀍河。

2.3.3.3　硬度

王府庄、张庄、洛南、临涧等水源地硬度不同程度地升高。地下水中总硬度与 Cl^- 含量有明显的相关性。地下水硬度升高可能是所谓盐效应所致，即矿化度越高，难溶碳酸盐岩溶解度越高。后李水源硬度升高与硫酸厂污染有关。

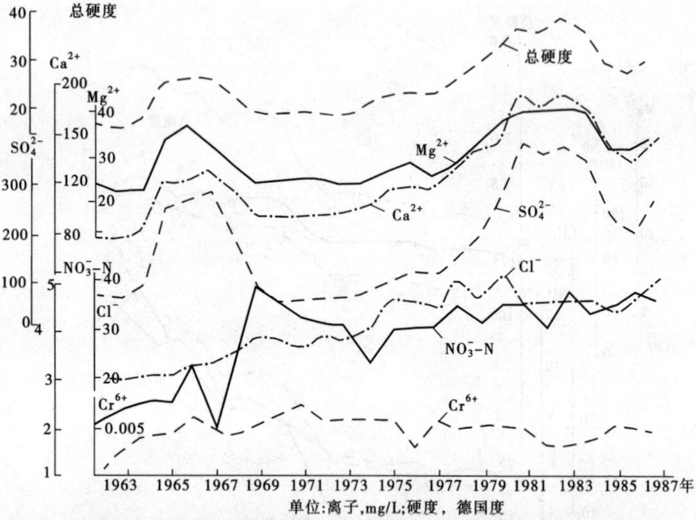

图 2-10　临涧水源地地下水主要离子含量历年变化曲线

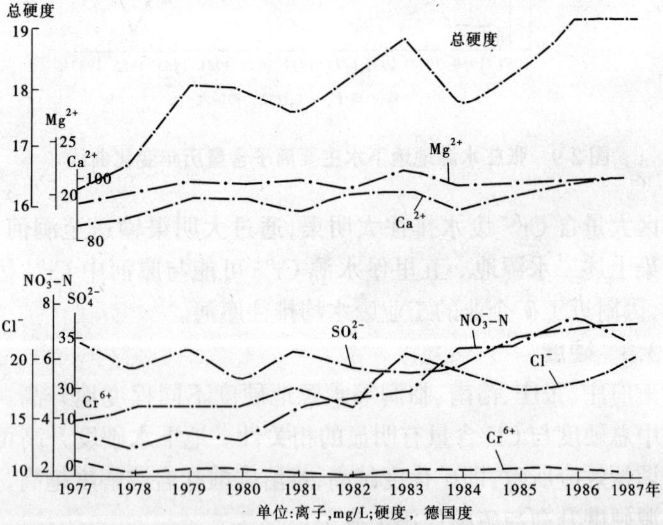

图 2-11　洛南水源地地下水主要离子含量历年变化曲线

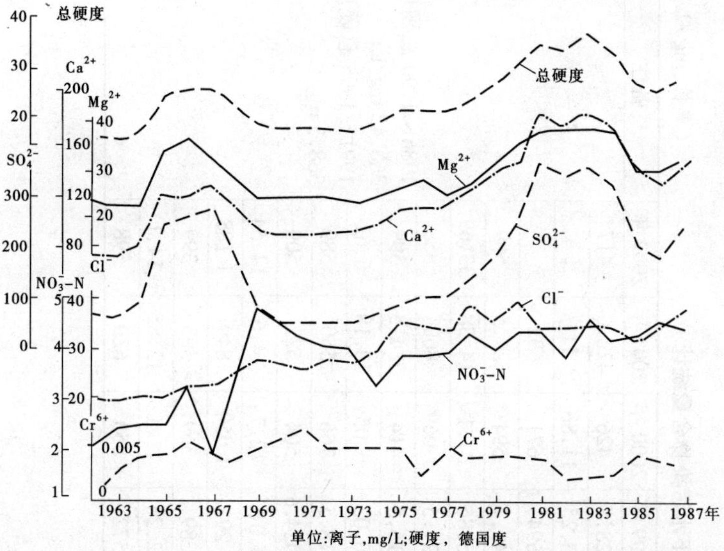

图 2-12　后李水源地地下水主要离子含量历年变化曲线

2.3.3.4　Na^+

张庄、后李、王府庄、五里堡、临涧水源地 Na^+ 含量大幅度上升。五里堡水源地含 Na^+ 量高是由于该地区生活污水渗入地下所致。张庄、后李、王府庄、临涧水源地 Na^+ 浓度升高与硬度升高有关。因为地下水中 Ca^{2+} 、Mg^{2+} 浓度升高有可能导致 Na^+ 、Ca^{2+} 、Mg^{2+} 之间交替吸附反应发生，使吸附于地层中的 Na^+ 转移到地下水中。

表 2-3　洛阳市地下水污染物含量统计　（单位:mg /L）

项目		1996 年	1997 年	1998 年	1999 年	2000 年	2001 年	2002 年	备注
全市地下水总平均值	总 硬 度	428.6	416.44	448	428.5	426	422.6	417	1986～1990 总硬度 368.42 mg/L; 1991～1995 总硬度 388.3 mg/L
	$NO_3^- - N$	12.14	11.7	10.67	13.25	11.88	11		
	溶解性固体	675.2	590	690.9	694	671	632		
五里堡水源地	总硬度	572.8	584.4	585.3	549.7	594	527.5	569	
	$NO_3^- - N$	20.66	25.32	17.66	35.86	37.1	14.58	33.69	
	溶解性固体	928	967	1 042	921.5	1 069	860	868	
张　庄水源地	总硬度	481.45	529.2	449.1	516.5	414	384.5	399	
	$NO_3^- - N$	9.72	16.5	13.45	20.02	6.05	10.18	6.62	
	溶解性固体	691	733	728	718.5	766	550	589	
后　李水源地	总硬度			1 082.4	1 024.6	504	522	509	
	$NO^{3-} - N$			7.2	4.01	12.7	14.6	14.54	
	溶解性固体			1 539	1 293	1 050	849	1 188	
东　郊水源地	总硬度			380.1	389	369	393	399	
	$NO_3^- - N$			10	12.26	11.1	12.85	14.1	
	溶解性固体			542	572	553	620	598	

第 3 章　地下水污染

3.1　地下水污染源

研究区内存在工业污染源，生活污染源，以及农药、化肥等农业污染源。

3.1.1　工业废水

据 2002 年统计，市区年排工业废水大约 7.29 万 m^3/d。大部分国营大厂的工业废水与生活废水分流，通过较完整的排水管网进行排泄；小型企业的大部分工业废水直接排入城市生活废水排放系统中；远离市区的工厂企业自建排水系统；也有少数小型企业的废水通过渗坑或明沟排放，如线材厂、带钢厂等。市区工业废水的排放情况见表 3-1。

表 3-1　市区工业废水的排放情况

排放方向	排放量
涧河、大明渠系统	1 435.9 万 m^3/a
中州河系统	945.4 万 m^3/a
瀍河系统	185.8 万 m^3/a
直接排入伊河、洛河系统	275.6 万 m^3/a
涧西区：由大明渠汇入涧河	54.56%
直接排入涧河	45.44%

洛阳市区的大部分工业废水通过不同方式、不同渠道排入市

区的四河二渠之中。其中涧西区的工业废水约55%排入大明渠，继而泄入涧河；部分工业废水直接排入涧河之中，约占45%。西工区的工业废水直接排向中州渠或廛河下游。郊区造纸厂、洛阳钢厂等近10家企业共排废水约1 300万 m^3/a。除造纸厂废水直接排入洛河以外，其他各厂废水3/4被引灌，1/4沿途下渗，直接排入伊、洛河的废水较少。

3.1.2 生活废水

据2002年统计，洛阳市年排出生活废水大约20.8万 m^3/d。涧西区生活污水每年约1 000万 m^3，通过城市排污水管流向南昌路排污口，其中约2/3为郊区污灌，老城区生活污水排向廛河，未经处理的污水排入附近地表水体，入渗地下水，可能对地下水造成污染。

3.1.3 农业污染

洛阳市郊区面积为407 km^2，2002年耕地面积195.36 km^2（293 304亩）。

农药、化肥是浅层地下水体的一种重要污染源。据有关资料统计，郊区的化肥、农药使用量较大，2002年氮肥的使用量为17 700 t。

农业污灌也是导致浅层地下水污染的一条重要途径。目前，洛阳市郊区每年引灌城市污水约200万 m^3，污灌面积达1 300多 hm^2，其中市西郊、南郊引灌生活污水，东部白马寺乡主要引灌中州渠的混合污水。

3.2 废水中的污染物

2002年洛阳市各区工业废水中各污染物排放量见表3-2。

表 3-2　洛阳市工业废水中各污染物排放量统计

区名	废水排放量(万 t)	各污染物排放量(t)									
		汞	镉	六价铬	铅	砷	挥发酚	氟化物	COD	石油类	氨氮
老城区	51.4	0.00	0.00	0.00	0.00	0.00	0.00	0.00	107	0.90	0
开发区	75.5	0.00	0.00	0.00	0.00	0.00	0.00	0.00	41	1.70	0
瀍河区	185.8	0.00	0.00	0.00	0.00	0.00	0.00	0.00	133	5.59	0
西工区	945.4	0.00	0.00	0.01	0.00	0.00	0.00	0.00	540	35.64	4.09
洛龙区	148.7	0.00	0.00	0.00	0.00	0.00	0.00	0.00	61	4.43	150.81
涧西区	1 435.9			0.01		0.63	0.03	0.03	1 196	119.40	4.79

3.3　地下水环境质量评价

3.3.1　评价说明

3.3.1.1　监测概况

2002 年洛阳市地下水监测范围以市区为主，根据区内污染源分布情况、水文地质条件和地下水运移规律、水源地和企业自备井开采情况、地表地质环境等，主要监测平原区 60～70 m 深度以内的浅层地下水。

以 2002 年洛阳市城市地下水水质监测资料作为评价洛阳市城市地下水水质的依据。

3.3.1.2　评价因子选择

根据中国环境监测总站[96]022 号文件规定和 GB/T14848—93《地下水质量标准》要求，结合洛阳市地下水监测情况，选择：pH 值、总硬度、氨氮、硝酸盐氮、亚硝酸盐氮、硫酸盐、氯化物、挥发酚、氰化物、氟化物、溶解性总固体、高锰酸盐指数、砷、汞、六价铬、铅、镉、铁、锰、总大肠菌群共 20 个项目作为评价因子。

3.3.1.3 评价标准

采用GB/T14848—93《地下水质量标准》进行评价,该标准依据我国地下水水质现状、人体健康基准值及地下水质量保护目标,并参照了生活饮用水、工业、农业用水水质要求,将地下水质量划分为五类:

Ⅰ类 主要反映地下水化学组分的天然低背景含量,适用于各种用途。

Ⅱ类 主要反映地下水化学组分的天然背景含量,适用于各种用途。

Ⅲ类 以人体健康基准为依据。主要适用于集中式生活饮用水水源及农业用水。

Ⅳ类 以农业和工业用水要求为依据。除适用于农业和部分工业用水外,适当处理后可作为生活饮用水。

Ⅴ类 不宜饮用,其他用水可根据使用目的选用。

地下水质量(评价)标准见表3-3。

3.3.1.4 评价方法

地下水质量评价以单项组分评价和综合评价两种方法进行。

1)单项组分评价

根据GB/T14848—93《地下水质量标准》中所列分类指标,对地下水各参评因子监测结果分别进行分类,不同类别标准值相同,从优不从劣。

2)综合评价

综合评价采用地下水综合评价分值 F 加附注的评分法,即在单因子评价分类的基础上,按表3-4规定,确定各单项组分评价分值 F_i,然后按下列公式计算综合评价分值 F,再按表3-5确定单井水质级别。

计算公式为

表 3-3　地下水质量(评价)标准　　(单位:mg /L)

监测项目	Ⅰ类	Ⅱ类	Ⅲ类	Ⅳ类	Ⅴ类
pH 值		6.5~8.5		5.5~6.5 8.5~9	<5.5 >9
总硬度	≤150	≤300	≤450	≤550	>550
溶解性总固体	≤300	≤500	≤1 000	≤2 000	>2 000
硫酸盐	≤50	≤150	≤250	≤350	>350
氯化物	≤50	≤150	≤250	≤350	>350
铁	≤0.1	≤0.2	≤0.3	≤1.5	>1.5
锰	≤0.05	≤0.05	≤0.1	≤1.0	>1.0
高锰酸盐指数	≤1.0	≤2.0	≤3.0	≤10	>10
硝酸盐氮	≤2.0	≤5.0	≤20	≤30	>30
亚硝酸盐氮	≤0.001	≤0.01	≤0.02	≤0.1	>0.1
氨氮	≤0.02	≤0.02	≤0.2	≤0.5	>0.5
挥发酚	≤0.001	≤0.001	≤0.002	≤0.01	>0.01
氰化物	≤0.001	≤0.01	≤0.05	≤0.1	>0.1
氟化物	≤1.0	≤1.0	≤1.0	≤2.0	>2.0
砷	≤0.005	≤0.01	≤0.05	≤0.05	>0.05
汞	≤0.000 05	≤0.000 5	≤0.001	≤0.001	>0.001
铅	≤0.005	≤0.01	≤0.05	≤0.1	>0.1
镉	≤0.000 1	≤0.001	≤0.01	≤0.01	>0.01
六价铬	≤0.005	≤0.01	≤0.05	≤0.1	>0.1
总大肠菌群(个/L)	≤3.0	≤3.0	≤3.0	≤100	>100

$$F = \sqrt{(\overline{F}^2 + F_{max}{}^2)/2}$$

$$\overline{F} = \frac{1}{n}\sum_{i=1}^{n} F_i$$

式中　$\overline{F}$——各单项组分评价分值 F_i 的平均值;

F_{max}——单项组分评价分值 F_i 中的最大值；

F_i——单因子评价分值；

F——综合评价分值；

n——参加评分的项目数。

表 3-4 单项组分评价分值

类别	Ⅰ	Ⅱ	Ⅲ	Ⅳ	Ⅴ
F_i	0	1	3	6	10

表 3-5 地下水质量级别评价

级别	优良	良好	较好	较差	极差
F	<0.80	0.80~2.50	2.50~4.25	4.25~7.20	>7.20

3.3.2 地下水质量状况

2002 年洛阳市地下水监测及评价结果见表 3-6，地下水水质综合污染指数统计见表 3-7。

由表 3-6 可以看出，洛阳市地下水质分布有水质良好、水质较好和水质较差三个级别（见图 3-1），各级别的分布及水质特征如下：

(1)地下水水质良好级。该级地下水分布在建成区外围及城市广大地区，各监测因子单项组分评价均在Ⅰ~Ⅲ类之间，区内分布有东郊、李楼、洛南、王府庄水源地，水源供水量占全市年供水量的 74.3%，水质符合生活饮用水卫生标准。

(2)地下水水质较好级。该区主要分布在建成区内周边地区，区内分布有大量的工业自备井，地下水水质处于由良好向较差变化的过渡区，大部分监测因子浓度都低于地下水Ⅲ类标准。但在个别井点中，有个别因子在零星的监测频次中出现过地下水Ⅳ类、

表 3-6　2002 年地下水监测及评价结果　　（单位:mg /L(除 pH 值外)）

监测点位		pH值	总硬度	氨氮	硝酸盐	亚硝酸盐	硫酸盐	氯化物	挥发酚	总氰化物	氟化物	总砷	总汞	六价铬	总铅	总镉	铁	锰	溶解性总固体	高锰酸盐指数	总大肠菌数(个)	综合评价分值	水质级别
张庄水源1号	年均值	7.27	399	0.055	6.62	0.002	108.1	36.73	0.001	0.002	0.31	0.004	0.000 02	0.002	0.005	0.00 05	0.02	0.01	589	0.44	3	2.52	较好
	类别	Ⅰ	Ⅲ	Ⅲ	Ⅲ	Ⅱ	Ⅱ	Ⅰ	Ⅰ	Ⅱ	Ⅰ	Ⅰ	Ⅰ	Ⅰ	Ⅰ	Ⅱ	Ⅰ	Ⅰ	Ⅲ	Ⅰ	Ⅰ		
洛南水源21号	年均值	7.37	352	0.019	8.17	0.002	86.1	21.91	0.001	0.002	0.20	0.004	0.000 02	0.002	0.005	0.000 5	0.02	0.01	532	0.41	3	2. 7	良好
	类别	Ⅰ	Ⅲ	Ⅰ	Ⅲ	Ⅱ	Ⅱ	Ⅰ	Ⅰ	Ⅱ	Ⅰ	Ⅰ	Ⅰ	Ⅰ	Ⅰ	Ⅱ	Ⅰ	Ⅰ	Ⅲ	Ⅰ	Ⅰ		
临涧水源7号	年均值	7.41	339	0.019	2.73	0.002	76.1	53.85	0.001	0.002	0.39	0.004	0.000 02	0.002	0.005	0.000 5	0.02	0.01	517	0.55	3	2.56	较好
	类别	Ⅰ	Ⅲ	Ⅰ	Ⅱ	Ⅱ	Ⅱ	Ⅱ	Ⅰ	Ⅱ	Ⅰ	Ⅰ	Ⅰ	Ⅰ	Ⅰ	Ⅱ	Ⅰ	Ⅰ	Ⅲ	Ⅰ	Ⅰ		
下池水源4号	年均值	7.44	316	0.078	2.82	0.003	69.0	25.38	0.001	0.002	0.37	0.004	0.000 02	0.002	0.005	0.000 5	0.02	0.01	456	0.49	3	2.16	良好
	类别	Ⅰ	Ⅲ	Ⅲ	Ⅱ	Ⅱ	Ⅱ	Ⅰ	Ⅰ	Ⅱ	Ⅰ	Ⅰ	Ⅰ	Ⅰ	Ⅰ	Ⅱ	Ⅰ	Ⅰ	Ⅲ	Ⅰ	Ⅰ		
李楼水源13号	年均值	7.30	369	0.019	9.66	0.002	61.1	23.88	0.001	0.002	0.22	0.004	0.000 02	0.002	0.005	0.000 5	0.02	0.01	508	0.38	3	2.17	良好
	类别	Ⅰ	Ⅲ	Ⅰ	Ⅲ	Ⅱ	Ⅱ	Ⅰ	Ⅰ	Ⅱ	Ⅰ	Ⅰ	Ⅰ	Ⅰ	Ⅰ	Ⅱ	Ⅰ	Ⅰ	Ⅲ	Ⅰ	Ⅰ		
东郊水源2号	年均值	7.38	399	0.019	14.10	0.002	70.4	57.75	0.001	0.002	0.48	0.004	0.000 02	0.002	0.005	0.000 5	0.02	0.01	598	0.36	3	2.20	良好
	类别	Ⅰ	Ⅲ	Ⅰ	Ⅲ	Ⅱ	Ⅱ	Ⅱ	Ⅰ	Ⅱ	Ⅰ	Ⅰ	Ⅰ	Ⅲ	Ⅰ	Ⅱ	Ⅰ	Ⅰ	Ⅲ	Ⅰ	Ⅰ		
五里堡水源6号	年均值	7.26	569	0.019	33.69	0.002	153.5	104.95	0.001	0.002	0.42	0.004	0.000 02	0.002	0.005	0.000 5	0.03	0.01	868	0.39	3	7.15	较差
	类别	Ⅰ	Ⅴ	Ⅰ	Ⅴ	Ⅱ	Ⅱ	Ⅱ	Ⅰ	Ⅱ	Ⅰ	Ⅰ	Ⅰ	Ⅰ	Ⅰ	Ⅱ	Ⅰ	Ⅰ	Ⅲ	Ⅰ	Ⅰ		
王府庄水源9号	年均值	7.26	445	0.019	7.89	0.002	123.5	61.10	0.001	0.002	0.46	0.004	0.000 02	0.002	0.005	0.000 5	0.02	0.01	671	0.39	3	2.18	良好
	类别	Ⅰ	Ⅲ	Ⅰ	Ⅲ	Ⅱ	Ⅱ	Ⅱ	Ⅰ	Ⅱ	Ⅰ	Ⅰ	Ⅰ	Ⅰ	Ⅰ	Ⅱ	Ⅰ	Ⅰ	Ⅲ	Ⅰ	Ⅰ		
后李水源2号	年均值	6.94	509	0.012	14.54	0.002	262.0	67.01	0.001	0.002	0.51	0.004	0.000 02	0.002	0.005	0.000 5	0.03	0.01	1 188	0.37		4.33	较差
	类别	Ⅰ	Ⅳ	Ⅰ	Ⅲ	Ⅱ	Ⅱ	Ⅱ	Ⅰ	Ⅱ	Ⅰ	Ⅰ	Ⅰ	Ⅰ	Ⅰ	Ⅱ	Ⅰ	Ⅰ	Ⅲ	Ⅰ			
外院1号	年均值	7.24	439	0.019	13.60	0.002	79.8	54.96	0.001	0.002	0.39	0.004	0.000 02	0.002	0.005	0.000 5	0.02	0.01	665	0.36	3	2.19	良好
	类别	Ⅰ	Ⅲ	Ⅰ	Ⅲ	Ⅱ	Ⅱ	Ⅱ	Ⅰ	Ⅱ	Ⅰ	Ⅰ	Ⅰ	Ⅱ	Ⅰ	Ⅱ	Ⅰ	Ⅰ	Ⅲ	Ⅰ	Ⅰ		
拖厂8号	年均值	7.44	349	0.019	7.85	0.002	64.6	52.98	0.001	0.002	0.36	0.004	0.000 02	0.002	0.005	0.000 5	0.10	0.01	587	0.40	3	2.18	良好
	类别	Ⅰ	Ⅲ	Ⅰ	Ⅲ	Ⅱ	Ⅱ	Ⅱ	Ⅰ	Ⅱ	Ⅰ	Ⅰ	Ⅰ	Ⅰ	Ⅰ	Ⅱ	Ⅰ	Ⅰ	Ⅲ	Ⅰ	Ⅰ		
肉联厂3号	年均值	7.09	511	0.112	16.01	0.002	80.0	81.81	0.001	0.002	0.38	0.004	0.000 02	0.002	0.005	0.000 5	0.02	0.01	772	0.47	3	4.30	较差
	类别	Ⅰ	Ⅳ	Ⅲ	Ⅲ	Ⅱ	Ⅱ	Ⅱ	Ⅰ	Ⅱ	Ⅰ	Ⅰ	Ⅰ	Ⅰ	Ⅰ	Ⅱ	Ⅰ	Ⅰ	Ⅲ	Ⅰ	Ⅰ		
钢厂生活区	年均值	7.32	424	0.019	13.28	0.002	100.9	33.02	0.001	0.002	0.25	0.004	0.000 02	0.002	0.005	0.005	0.02	0.01	553	0.38	3	2.17	良好
	类别	Ⅰ	Ⅲ	Ⅰ	Ⅲ	Ⅱ	Ⅱ	Ⅰ	Ⅰ	Ⅱ	Ⅰ	Ⅰ	Ⅰ	Ⅰ	Ⅰ	Ⅱ	Ⅰ	Ⅰ	Ⅲ	Ⅰ	Ⅰ		

表 3-7　2002 年地下水水质综合污染指数统计

监测点位	总硬度	氨氮	硝酸盐	亚硝酸盐	硫酸盐	氯化物	挥发酚	总氰化物	氟化物	总砷	总汞	六价铬	总铅	总镉	铁	锰	溶解性总固体	高锰酸盐指数	磷
张庄水源 1 号	0.89	0.28	0.33	0.10	0.43	0.15	0.50	0.04	0.31	0.08	0.02	0.04	0.10	0.05	0.06	0.05	0.59	0.15	4.15
洛南水源 21 号	0.78	0.09	0.41	0.10	0.34	0.09	0.50	0.04	0.20	0.08	0.02	0.04	0.10	0.05	0.06	0.05	0.53	0.14	3.62
临涧水源 7 号	0.75	0.09	0.14	0.10	0.30	0.22	0.50	0.04	0.39	0.08	0.02	0.04	0.10	0.05	0.06	0.05	0.52	0.18	3.62
下池水源 4 号	0.70	0.39	0.14	0.13	0.28	0.10	0.50	0.04	0.37	0.08	0.02	0.04	0.10	0.05	0.06	0.05	0.46	0.16	3.66
李楼水源 13 号	0.82	0.09	0.48	0.10	0.24	0.10	0.50	0.04	0.22	0.08	0.02	0.04	0.10	0.05	0.06	0.05	0.51	0.13	3.63
东郊水源 2 号	0.89	0.09	0.70	0.10	0.28	0.23	0.50	0.04	0.48	0.08	0.02	0.22	0.10	0.05	0.06	0.05	0.60	0.12	4.61
五里堡水源 6 号	1.26	0.09	1.68	0.10	0.61	0.42	0.50	0.04	0.42	0.08	0.02	0.08	0.10	0.05	0.09	0.05	0.87	0.13	6.60
王府庄水源 9 号	0.99	0.09	0.39	0.10	0.49	0.24	0.50	0.04	0.46	0.08	0.02	0.04	0.10	0.05	0.06	0.05	0.67	0.13	4.52
后李水源 2 号	1.13	0.06	0.73	0.10	1.05	0.27	0.50	0.06	0.51	0.08	0.02	0.12	0.10	0.05	0.09	0.05	1.19	0.12	6.15
外院 1 号	0.97	0.09	0.68	0.10	0.32	0.22	0.50	0.04	0.39	0.08	0.02	0.04	0.10	0.05	0.06	0.05	0.67	0.12	4.58
拖厂 8 号	0.78	0.09	0.39	0.10	0.26	0.21	0.50	0.04	0.36	0.08	0.02	0.04	0.10	0.05	0.32	0.05	0.59	0.13	4.11
肉联厂 3 号	1.14	0.56	0.80	0.10	0.32	0.33	0.50	0.04	0.38	0.08	0.02	0.04	0.10	0.05	0.06	0.05	0.77	0.16	5.48
钢厂生活区	0.94	0.09	0.66	0.10	0.40	0.13	0.50	0.04	0.25	0.08	0.02	0.04	0.10	0.05	0.06	0.05	0.55	0.13	4.20
各点均值	0.93	0.16	0.58	0.10	0.41	0.21	0.50	0.04	0.36	0.08	0.02	0.06	0.10	0.05	0.08	0.05	0.65	0.14	4.53

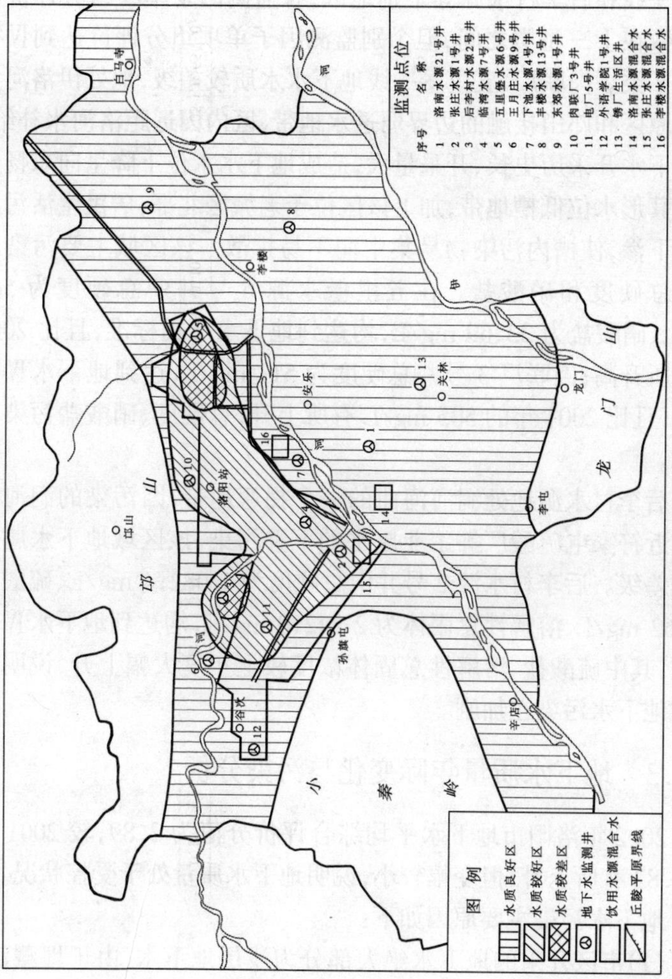

图3-1 洛阳市区地下水水质污染程度分区图

Ⅴ类水质。

(3)地下水质较差级。该级地下水分布在建成区内肉联厂、五里堡一线和后李村水源等个别地区,各监测因子单项组分评价虽然多数在Ⅰ~Ⅲ类之间,但个别监测因子单项组分评价达到Ⅳ类甚至Ⅴ类。肉联厂、五里堡一线地下水水质较差级,地处伊洛河盆地平原区和邙山接触的边界弱透水地带,区内因远距洛河水补给,而地下水开采历史长、开采量大,造成地下水水位下降呈向东畅开的簸萁形水位低槽地带,加上该区位于老城区北部,居民生活污水长期下渗,使槽内污染物易集中而不易扩散。该区域主要污染因子是总硬度和硝酸盐。在五里堡水源 6 号井中总硬度为 569 mg/L、硝酸盐为 33.69 mg/L,均达到地下水Ⅴ类标准,且比 2001 年有所升高;肉联厂 3 号井总硬度为 511 mg/L,达到地下水Ⅳ类标准,且比 2001 年的 505 mg/L 有所上升,总硬度、硝酸盐污染在加重。

后李村水源地处涧河河曲的一个拐弯地带,因污染的涧河水和附近符家屯硫酸厂等工业废水的下渗污染,该区域地下水属水质较差级。后李村水源 2 号井中总硬度为 1 082.4 mg/L、硫酸盐为 262 mg/L、溶解性总固体为 2 242.0 mg/L,均达到地下水Ⅳ类标准,其中硫酸盐、溶解性总固体浓度较上年度大幅上升,说明该区域地下水污染在加剧。

3.3.3 地下水质量年际变化与污染分析

2002 年洛阳市地下水平均综合评价分值为 2.89,较 2001 年的 2.82 有所上升,但变幅较小,说明地下水质量处于受控状况。

地下水污染主要原因如下:

(1)市区开采的地下水绝大部分为浅层地下水,由于埋藏浅,包气带渗透性好,防护能力差,所以地下水质受人为活动影响较大,在市区工业集中、人口稠密的区域,各种工业废水和生活污水渗入地下,造成了地下水污染。

(2)位于城市区段的洛河、涧河、瀍河、中州渠、大明渠由于接纳大量工业废水和生活污水,地表水体严重污染,已达到或超过地表水Ⅴ类水质标准,污水经包气带下渗,造成地下水污染。

(3)市区的大明渠、中州渠、涧河等河(渠),两岸陡且切割深,伊河、洛河的超强挖取河底沙石,使包气带受到破坏,防护条件受损,被污染的地表水很容易进入地下含水层,通过地下水径流,使地下水位低槽中心污染加重。

(4)市区河(渠)段两岸,工业和生活垃圾随意堆放,经雨水冲刷,随地表水及降水渗入地下水,造成地下水污染。

第 4 章 地下水水质演化机理研究

4.1 地下水硬度的时空演变规律

据前文所述可以看出，洛阳市地下水自 60 年代起由于工业化、城市化等大规模人类活动，长时间、大量集中开发地下水，还有工业污染（废水入渗地下、废气和固体废物经雨水淋沥渗入等）、生活排污等，导致浅层地下水水质逐年变差。水质污染的主要因子是总硬度，地下水水质硬化是突出矛盾，研究和防治水质硬化是本文的中心。

所谓地下水硬化，即地下水水质总硬度上升，根据国家有关规定，水质总硬度达到 300～450 mg/L 为硬水，450 mg/L 为饮用水总硬度的标准，总硬度大于 450 mg/L 的地下水称之为极硬水，地下水硬度分类见表 4-1。

表 4-1 地下水硬度分类

名称	德国度(H)	总硬度(mg/L)
极软水	＜4.2	＜75
软水	4.2～8.4	75～150
微硬水	8.4～16.8	150～300
硬水	16.8～25.2	300～450
极硬水	＞25.2	＞450

洛阳市地下水的硬化有一个历史过程，自建城人类聚居、开采

利用地下水开始,其水质硬化就伴之发生。本次研究是从有水质测试资料的年代开始。对部分水井30多年来的资料分析表明,洛阳市地下水水质总体表现出逐渐硬化的趋势。局部敏感地段因受到外部条件的影响或受到一定程度的工业废水污染,其水质硬化曲线呈波浪式;严重的工业污染和突发性事故造成的水质恶化,在很短时段就能反映出来。在研究区域内,水质硬化的地区面积在逐年扩大,地下水硬度超标的面积已经相当惊人,现就几个方面的问题分述如下。

4.1.1 洛阳市地下水总硬度区域变化研究

综合分析研究了1984年和1993年全市区地下水水质普查及专门调查资料,根据实测数据资料,绘制出了相隔10年的地下水总硬度等值线图。见图4-1、图4-2。

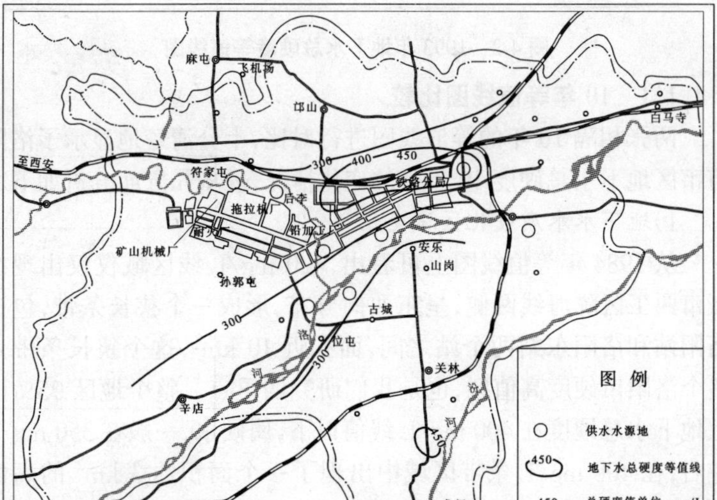

图4-1 1984年地下水总硬度等值线图

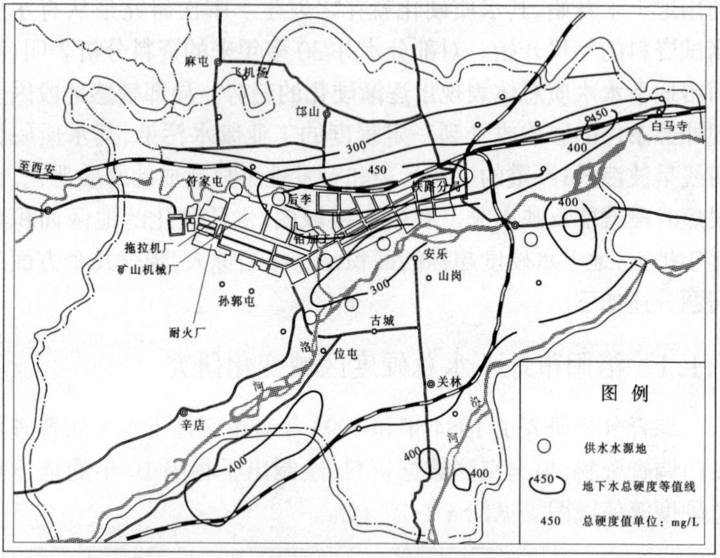

图 4-2 1993 年地下水总硬度等值线图

4.1.1.1 10 年等值线图比较

两张相隔 10 年的等值线图进行对比，十分清楚地显示了洛阳市市区地下水总硬度 10 年来的变化情况，现从几方面分析如下。

1)地下水水质硬化区域变化

从 1984 年等值线图上可看出，400 mg/L 线区域仅仅出现在城市西工区陇海线两侧，呈东西向分布，形成一个狭长条带，包括洛阳站和洛阳东站两个站之间，面积近 10 km^2，这个狭长条带是整个洛阳市硬度高值区，也是我们研究的重点。整个地区 95% 以上地下水总硬度在 400 mg/L 线值以下，属硬水，一般在 350 mg/L 左右，在 400 mg/L 条带区域中出现了一个面积约 3 km^2 的高值区(450 mg/L 等值线)，后李、白马寺及龙门也出现了三个高值区，硬度超过 500 mg/L，属极硬水；而沿伊洛河河槽及邙岭一带的地下水，其总硬度则小于 300 mg/L，属微硬水。

从1993年等值线图看，400 mg/L条带区域，包括西工区北部、老城区大部、廛河区全部，西部扩大到符家屯硫酸厂一带，东部延伸到白马寺，面积从10年前的近10 km^2扩大到了近50 km^2，面积增加了4倍，显示了污染范围明显增大，水质硬化增强。其他区域，像伊洛河河槽及邙岭一带也有所变化，洛河河槽的300 mg/L以下的微硬水带缩小了许多。

2）超标区域大幅度增加

在1984年等值线图上可看出，450 mg/L极硬水带在洛阳东站、铁路分局一带，面积约3 km^2，经过10年的时间，此极硬带向东西扩展，1993年等值线图上出现了从后李、符家屯—五女冢、洛阳东站、老城—铁路分局—五里堡的极硬水带，硬度超过了450 mg/L，最高的可达900 mg/L，面积也从近3 km^2增加到近20 km^2，反映出10年间地下水硬度发展变化的速度和强度。

3）空间分布和发展趋向

高硬度水沿陇海线两侧东西向伸展分布，1984年西起洛阳站，东至洛阳东站，这反映出铁路沿线较早大规模地开发利用地下水以及城市污染，从而引起水质硬化，10年来，该硬化带向西扩至符家屯，向东延伸到白马寺，向南扩展到洛河北岸二级阶地。面积增大，说明污染加重，地下水动态平衡开始破坏，此状况归为3个因素引起：①10年来，城市规模增大，人口增多，工业发展突飞猛进，工业、生活用水量大增，如1996年全市用水总量约为2.3亿 m^3，而1984年为1.4亿 m^3，地下水开采增加较大，因而硬化也就随之加重。②工业污染日趋严重，废水排放量逐年上升，污染负荷增大，是工业污染和城市生活污染共同作用的综合结果。老城区和符家屯分别是生活污染和工业污染的典型地区。③河水径流量减小导致地下水的补给量变小也是一个因素。近年来，洛阳市连续出现少雨干旱天气，河流缺水断流现象时有发生，比如伊洛河多年平均径流量为34.5亿 m^3，1994年为15.0亿 m^3，而1995年仅为 5.5 亿 m^3,此因素与地下水硬度变化的关系在下文将重点研究阐述。

4.1.1.2 水质硬化区域分布与水文地质要素关系

研究中发现,地下水硬化的区域分布和发展与本地区地下水的水文地质条件关系十分密切,表现出以下特点:

(1)硬化带与地下水的补给条件、水交替快慢关系密切。地下水补给条件好,水交替速度快的地区其水质硬化程度低,亦即属微硬水区,如沿洛河河床一线的地下水;反之,贫水区域的地下水硬化程度高,如前文所述的 400 mg/L 等值线区域就处在邙岭下的弱富水带,地下水补给条件差,交替很弱,地下水的硬化发展则快。

(2)硬化带与抽水降落漏斗一致。在 1993 年等值线图上显示出来的地下水硬化带恰巧也是洛阳市区一个地下水抽水降落漏斗,如东车站、白马集团—铁路分局、五里堡的一个半封闭的降落漏斗,就是地下水位低槽带。这主要是由于人工开采地下水,使地下水位下降,包气带厚度增大,由原来的还原环境变为氧化环境所致。

(3)硬化带的分布和发展与地下水流向相一致。从图上明显地看出地下水硬化带东西向延伸,与该区域的地下水径流方向基本一致,而且水硬化 10 年来的发展方向就完全顺地下水的由西向东流向伸展,即由洛阳白马集团向白马寺方向扩展,其宽度逐渐加大。

由于符家屯的重污染点以及涧西、西工的集中排污区的污水下渗,顺地下水的流向形成一个地下水硬化带(见图 4-3)。

4.1.2 水质硬化的历时变化研究

表 4-2～表 4-4 显示了洛阳市区 30 多年来地下水不断硬化的总体规律。

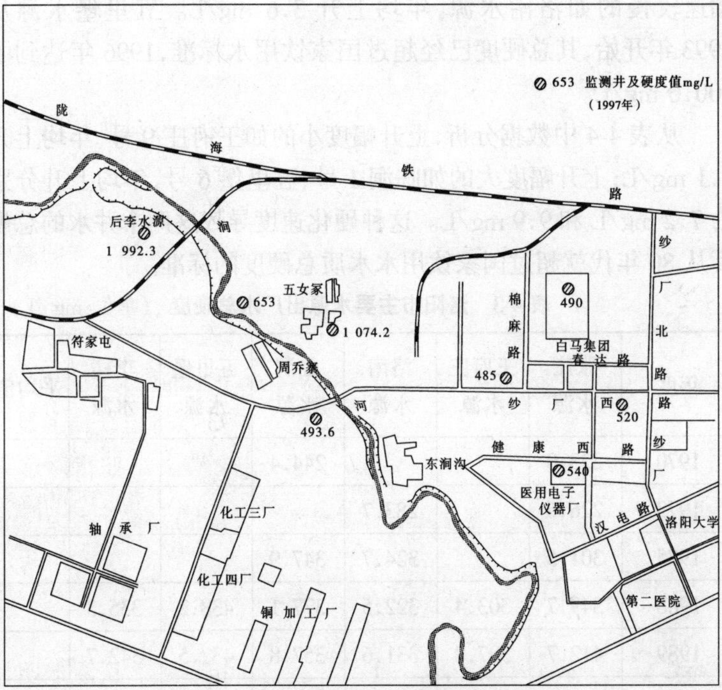

图 4-3 地下水硬化重污染带示意图

表 4-2 全市地下水总硬度 (单位:mg /L)

年度	1986	1987	1989	1990	1991	1992	1993	1994	1995	1996	多年上升值	年均上升值
总硬度	350	337	373	370	324	373	414	409	421	428	78	7.8

从表 4-2 中可看出,1986 年至 1996 年总硬度上升了 78 mg/L,年均上升 7.8 mg/L。

表 4-3 中几个主要水源地出厂水的总硬度,20 多年来都有不同程度的增高。增速较高的如五里堡水源,年均上升 7.8 mg/L;

增速较慢的如洛南水源，年均上升 3.6 mg/L。五里堡水源从1993 年开始，其总硬度已经超过国家饮用水标准，1996 年达到了500.6 mg/L。

从表 4-4 中数据分析，上升幅度小的如王府庄 9 号，年均上升2.1 mg/L；上升幅度大的如临涧 1 号、五里堡 6 号，年均上升分别为 7.2 mg/L 和 9.9 mg/L。这种硬化速度导致这两个井水的总硬度从 80 年代就超过国家饮用水水质总硬度的标准。

表 4-3　洛阳市主要水源出厂水总硬度　（单位：mg /L）

年度	张庄水源	王府庄水源	洛南水源	临涧水源	五里堡水源	李楼水源	平均值
1970	223.0			244.4			
1973	226.6		283.7				
1985	301.5		324.7	347.9			
1988	349.7	303.4	322.5	377.1	438.2	335.3	
1989	412.7	307.8	331.6	357.8	437.5	342.7	
1990	365.8	309.2	324.1	350.1	441.0	353.0	
1991	378.8	325.8	335.1	358.8	456.0	348.6	
1992	440.5	361.4	333.3	381.6	445.9	353.6	
1993	396.1	319.6	343.9	396.0	450.1	342.9	
1994	353.2	348.9	349.3	382.8	467.6	345.7	
1995	345.0	330.2	358.1	396.4	448.4	355.1	
1996	402.1	341.7	365.8	393.9	500.6	367.2	395.2
多年上升值	179.1	38.3	82.1	149.4	62.4	31.9	
平均上升值	6.9	4.8	3.6	5.8	7.8	4.0	5.5

表 4-4　洛阳市典型水源井总硬度　　(单位:mg /L)

年度	王府庄 9 号	五里堡 6 号	临涧 1 号
1962	254.8		274.7
1963	250.1		278.3
1964	244.4		278.3
1965	253.3		335.4
1966	244.4		347.9
1967	246.2		363.9
1968	253.3		378.2
1969	248.0		317.6
1970	248.0		310.4
1971	246.2		299.7
1972	248.0		287.2
1973	251.5		306.9
1974	253.3		330.0
1975	253.3		305.1
1976	256.9		326.5
1977	258.7		399.6
1978	258.7		422.8
1979	255.1	413.9	406.8
1980	255.3	472.8	392.5
1981	262.3	458.5	337.2
1982	267.6	467.4	381.8
1983	265.8	463.8	417.5
1984	267.6	462.1	401.4
1985	274.7	471.0	446.0
1986	271.2	487.0	455.0
1987	273.0	492.4	456.7
1988	280.1	499.5	476.3
1989	286.1	483.5	471.2
1990	294.6	479.9	482.0
1991	301.1	483.5	477.1
1992	297.0	492.5	509.7
1993	302.5	509.8	529.2
1994	317.7	510.7	515.0
1995	317.2	541.8	488.7
1996	325.9	581.5	520.7
多年上升值	71.1	167.6	246.0
平均上升值	2.1	9.9	7.2

4.2 环境污染引起地下水硬度升高的原因

4.2.1 工业污染对地下水硬度的影响

部分水源井其水质硬度突发性升高是因水源井附近有酸碱性工业废水直接渗入使地下水受到污染。酸性废水通过厂区无防渗的场地、废水池及排水沟渗入地下，经包气带至含水层，酸溶解了土层中的钙、镁矿物质带入地下水中，增加了地下水硬度，其化学过程是：

$$Ca(Mg)CO_3 + H_2SO_4 \rightarrow Ca(Mg)SO_4 + H_2O + CO_2\uparrow$$

$$\text{水解}\downarrow$$

$$Ca^{2+}(Mg^{2+}) + SO_4^{2-}$$

$$Ca(Mg)CO_3 + 2HCl \rightarrow Ca(Mg)Cl_2 + H_2O + CO_2\uparrow$$

$$\text{水解}\downarrow$$

$$Ca^{2+}(Mg^{2+}) + 2Cl^-$$

此类工业污染型地下水硬化水源井，其水质总硬度变化特点是突发性，发生时段短，上升幅度大。如后李水源，因硬度超标已停止开采使用，以后李 4 号井为例，该井于 1962 年开采至今，其硬度变化表明污染的严重后果，刚开采时总硬度仅为 250 mg/L；1965 年水源井附近的硫酸厂投入生产，其总硬度就上升到 450 mg/L；硫酸厂 1968 年停产，1969 年井水水质明显好转，总硬度降至 330 mg/L；70 年代，酸厂又恢复生产，使井水硬度不断上升，至 1983 年达到 642 mg/L，大大超过了国家标准；1985 年经环境保护局监督，初步治理酸性废水，减轻了污染，井水总硬度明显下降，至 470 mg/L 以下；1989 年后又因管理不善，放松废水处理，且生产扩大，排污加重，井水硬度重新上升，至 1995 年停产时达到 1 597 mg/L。整个水源井被迫停产，损失达 2 000 万元。

根据水质分析结果发现，从符家屯到五女冢一带地下水严重硬化。因此，对该地段的地下水作了进一步的调查，分析表明，近年来污染在发展，水质硬化明显加重，1993 年五女家一带的地下水总硬度在 500 mg/L 左右。而最新的资料表明，许多井已经超过了 600 mg/L，有的开采量大的井达到 1 000 多 mg/L。白马集团的水源井处在该区段下游，总硬度不断上升，1992 年开始超国家标准，至 2004 年，总硬度已达 595.5 mg/L。

类似后李水源的还有临涧水源，如临涧 5 号亦因附近的单晶硅厂排放的盐酸废水污染，使井水硬度明显上升。水源井总硬度变化见表 4-5。

表 4-5 水源井总硬度变化 （单位：mg /L）

年份	后李 4 号	临涧 5 号	年份	后李 4 号	临涧 5 号
1962	285.44		1980	651.96	265.82
1963	280.09		1981	610.13	281.87
1964	310.42		1982	585.15	280.09
1965	454.92	240.84	1983	642.24	289.01
1966	451.35	240.84	1984	560.18	294.36
1967	458.49	221.22	1985	470.98	326.47
1968	419.24	210.51	1986	437.08	317.55
1969	326.47	223	1987	483.46	347.88
1970	330.04	219.43	1988	442.43	
1971	324.69	219.43	1989	551.26	372.86
1972	324.69	214.08	1990	483.46	399.62
1973	324.69	231.92	1991	854.47	495.95
1974	337.18	242.62	1992	790.24	522.56
1975	392.48	239.06	1993	911.2	491.52
1976	383.56	242.62	1994	799.84	456.41
1977	385.34	256.82	1995	1 167.3	519.38
1978	442.43	262	1996	停机	472.43
1979	438.86	262.25	1997	1 992.3	

上述状况必须引起有关部门的高度重视，以采取果断措施，控制污染发展。

4.2.2 生活污染对地下水硬度的影响

历代人类活动的废弃物(包括液、固、气三种形式)通过污水灌溉、污水沟渠渗漏、用垃圾施肥、过量使用化肥及大气污染干湿沉降等进入土壤，在土壤中发生机械过滤、生物分解、离子吸附与交换等化学作用，随下渗水进入含水层，使地下水中一种或多种化学组分浓度增加。如洛阳市老城区工矿企业少，主要为人们生活的居住区，环境污染以人类生活污染为主，城市生活垃圾、粪便、生活污水、尸骨和芦苇等有机物在土壤里微生物的参与下，分解生成氨、H_2S等，进而再经过氧化生成硝酸、硫酸等酸类。化学反应式为

$$4NH_3+5O_2 \rightarrow 4NO+6H_2O \qquad 2NO+O_2 \rightarrow 2NO_2$$

$$4NO_2+O_2+2H_2O \rightarrow 4HNO_3 \qquad 2H_2S+3O_2 \rightarrow 2SO_2+2H_2O$$

$$2SO_2+O_2+2H_2O \rightarrow 2H_2SO_4$$

这样就改变了土壤的化学环境条件。随着污水、降水等的下渗，使老城区地下水中的各化学组分愈来愈高，其主要离子成分变化见表4-6，据野外调查，洛阳市浅层地下水中不断升高的Cl^-和K^++Na^+主要来自生活污水，$SO_4{}^{2-}$的升高主要来自硫酸厂的废水，在使用生活污水灌溉的地区，含硫有机物的氧化，使地下水$SO_4{}^{2-}$升高，$HCO_3{}^-$的升高是由于生活污水或工业废水中的有机物质不断渗入地下水中，经生物降解后产生CO_2所致。

表4-6 洛阳市老城区地下水主要离子成分变化值

化学成分	K^++Na^+	Ca^{2+}	Mg^{2+}	Cl^-	$SO_4{}^{2-}$	$HCO_3{}^-$	$NO_3{}^-$	SiO_2	PCO_2
	mmoL/L							mg/L	×101.325Pa
1988	1.935	2.825	1.135	1.568	1.463	5.25	0.112	14.82	6.16
1989	5.202	6.560	2.860	10.885	1.992	8.51	0.664	70.98	15.80
变化值	3.267	3.735	1.725	9.317	0.529	3.26	0.552	56.16	9.64

城市生活污水中的碳水化合物主要成分是不含氮的有机物，它由C、H、O三种元素组成，包括纤维素、淀粉、糖类等，在微生物作用下分解成最终产物CO_2、H_2O。即

$$2(C_6H_{10}O_5)_n + nH_2O \xrightarrow{\text{纤维酶}} nC_{12}H_{22}O_{11}$$

$$nC_{12}H_{22}O_{11} + nH_2O \xrightarrow{\text{纤维亚糖酶}} 2nC_6H_{10}O_5$$

$$C_6H_{10}O_5(\text{葡萄糖}) + 6O_2 \rightarrow 6CO_2 + 6H_2O$$

葡萄糖氧化使水溶液中CO_2的分压增加，大于或与HCO_3^-相平衡的CO_2与地层中方解石、白云石发生化学反应，使地下水中Ca^{2+}、Mg^{2+}与HCO_3^-相平衡进入水中，引起Ca^{2+}、Mg^{2+}与HCO_3^-浓度增加，暂时硬度升高导致总硬度上升。碳水化合物主要来源于生活粪便垃圾、生活污水、植物残体等，据有关资料介绍，1.0 kg生活垃圾可释放出7 097.12 mg的HCO_3^-、1 269.2mg的Ca^{2+}和860.86 mg的Mg^{2+}。

土壤中含硫氨基酸在微生物作用下能生成H_2S，H_2S和地层中的金属硫化物经氧化生成H_2SO_4，其反应如下：

$$2H_2S + O_2 \rightarrow S_2 + 2H_2O$$

$$S_2 + 3O_2 + 2H_2O \rightarrow 2H_2SO_4$$

$$2FeS_2 + 7O_2 + 2H_2O \rightarrow 2FeSO_4 + 2H_2SO_4$$

此外，大气中的SO_2进一步氧化也生成H_2SO_4随降雨进入土壤。H_2SO_4与环境中的盐类作用形成硫酸盐，与方解石、白云石作用生成Ca、Mg硫酸盐。Ca、Mg硫酸盐溶解，随入渗水下渗使地下水的永久硬度升高，从而导致地下水总硬度提高。

一般来说，地下水中Cl^-、Na^+除来源于风化壳外，在人类排放的废弃物中含量很高，尤其在人类和动物的粪便中含量更高。据有关资料介绍，在1.0 kg粪便垃圾中能够溶解共1 074.73 mg的Cl^-和1 988.74 mg的Na^+。Cl^-和Na^+的迁移能力很强(见表

4-7)，易进入地下水中，使相应离子浓度增加，另外 Na^+ 随水溶液进入土壤层后，水中 Na^+ 含量大于土壤中 Ca^{2+}、Mg^{2+} 含量时，使水的总硬度升高。据有关资料介绍，1.0 L 生活污水的 Na^+ 含量能够置换 1.89 毫克当量的 Ca^{2+}、Mg^{2+}，使 1.0 L 水中的硬度升高 19.6 mg/L。

表 4-7　元素迁移系数值

元素	Cl^-	SO_4^{2-}	Na^+	Ca^{2+}	Mg^{2+}	SiO_2（硅酸盐）	Fe_2O_3	Al_2O_3	SiO_2（石英）
水迁移系数	100	60	3	2.5	0.3	0.2	0.04	0.02	0

张庄水源地位于生活污水灌区，生活污水中 Na^+、Cl^- 含量较高，而该区上部土层中含有丰富的 Ca^{2+}、Mg^{2+}，因此次生易溶盐 $CaCl_2$、$MgCl_2$ 可能形成于渗水入渗时发生的阳离子交换作用。

张庄水源地多年来地下水中的方解石饱和指数与 CO_2 的平衡分区如图 4-4 所示，本区地下水化学类型为 HCO_3-Ca 水，从图

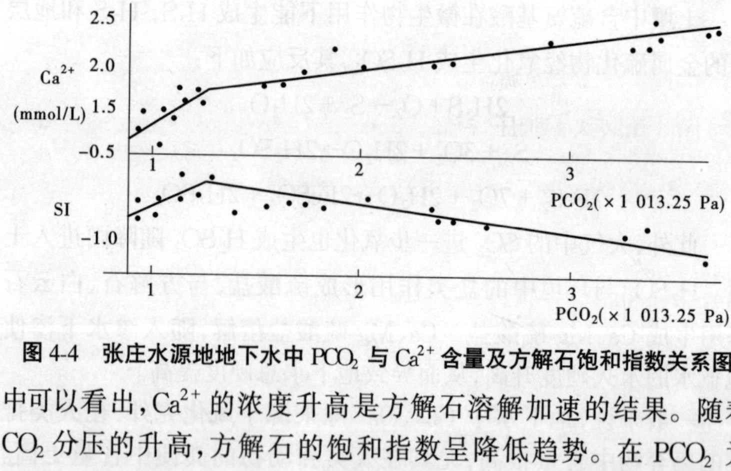

图 4-4　张庄水源地地下水中 PCO_2 与 Ca^{2+} 含量及方解石饱和指数关系图

中可以看出，Ca^{2+} 的浓度升高是方解石溶解加速的结果。随着 CO_2 分压的升高，方解石的饱和指数呈降低趋势。在 PCO_2 为 1 000 Pa左右时，PCO_2 与 SI 成正相关关系，这可能是由于含 Ca 易溶盐的影响所致。另外，白云石饱和指数及 Mg^{2+} 的含量与 CO_2

分压的关系也呈现类似的规律。

张庄水源地地下水的方解石的饱和指数与 Cl^- 的关系如图 4-5所示，表明地下水中因 $CaCl_2$ 溶解量的增加而导致方解石饱和度的增加；该区水中白云石饱和度与 Cl^- 的关系也呈现此种规律，这都说明易溶盐 $CaCl_2$、$MgCl_2$ 溶解量的增加促使方解石、白云石饱和度的增加，进而导致 Ca^{2+}、Mg^{2+} 含量与 Cl^- 的含量同时增加，最终使地下水的硬度升高。

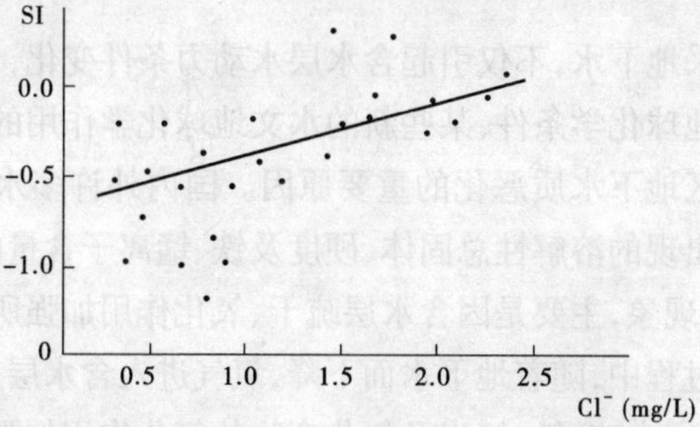

图 4-5　张庄水源地地下水中 Cl^- 与方解石饱和指数关系图

图 4-6 反映了张庄水源地地下水中 $SO_4{}^{2-}$ 与方解石饱和指数

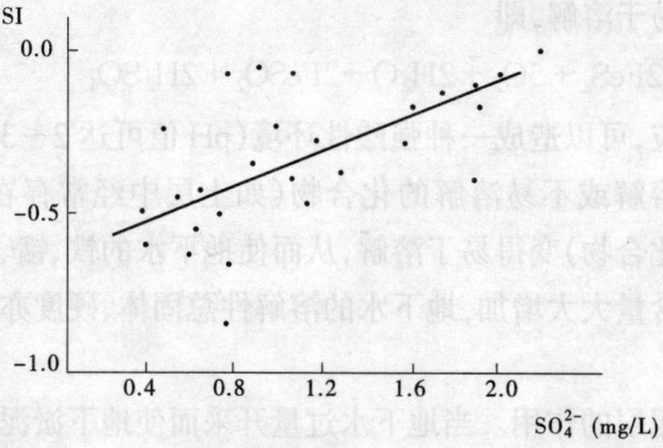

图 4-6　张庄水源地地下水中 $SO_4{}^{2-}$ 与方解石饱和指数关系图

成正相关关系，表明在生活污水渗入过程中，含硫有机物的氧化生成硫酸，硫酸溶解方解石、白云石，形成易溶盐 $CaSO_4$、$MgSO_4$，进而使地下水中 Ca^{2+}、Mg^{2+} 与 SO_4^{2-} 含量同步上升[23]。

4.3 地下水开发利用对地下水硬度的影响

地下水在开采过程中，因环境污染和水动力、水化学形成条件改变，使水中的某些化学、微生物成分含量不断增加，以致超出规定使用标准。

大量开采地下水，不仅引起含水层水动力条件变化，也改变含水层的水文地球化学条件，某些新的水文地球化学作用的出现，是导致某些地区地下水质恶化的重要原因。国内外许多水源地，在开采过程中出现的溶解性总固体、硬度及铁、锰离子含量的增高和pH值降低的现象，主要是因含水层疏干、氧化作用加强所造成的。因为在开采过程中，随着地下水面下降，氧气进入含水层被疏干的地带，促使岩层中硫、铁、锰以及氮化合物的氧化作用加强，特别是硫氧化细菌的出现，加剧了金属硫化物的氧化过程。如分布较广泛的黄铁矿（FeS_2），在还原环境下很稳定，几乎不溶于水，但在氧化环境下则易于溶解，即

$$2FeS_2 + 5O_2 + 2H_2O \rightarrow 2FeSO_2 + 2H_2SO_4$$

这个化学反应，可以造成一种强酸性环境（pH值可达2～3），使岩层中原来不溶解或不易溶解的化合物（如土层中经常存在的钙、镁、铁、锰的化合物）变得易于溶解，从而使地下水的铁、锰、镁以及硫酸根离子含量大大增加，地下水的溶解性总固体、硬度亦随之升高。

地下淤泥层的作用。当地下水过量开采而使地下淤泥呈疏干状态时，由于好氧菌降解有机物而释出 SO_4^{2-}、Ca^{2+}、Mg^{2+}，渗入

地下水,从而引起硫酸盐硬度的增高。

从图 4-2 可看出,地下水硬度高值区与洛阳市集中水源地开采区分布相一致,也证明了这一点。

4.4 污水灌溉对地下水硬度的影响

污水灌溉是洛阳市城市郊区农业发展的既成事实。从客观上讲,污水灌溉具有一定益处,因为它利用和处理了城市废水。但是,研究区内污灌管理比较混乱,污水灌区持续不断的、不加控制的盲目灌溉,其结果是地下水受到污染,并且此种趋势仍在发展。NH_4^+ 是污水中常见的污染物离子,当 NH_4^+ 随污水水溶液渗入土壤以后,一般要经历挥发、植物吸收、离子交换及二级氧化等各种化学、生物反应,其中离子交换过程是首先发生的,而且是一个非常重要的环节。其反应式为

$$2NH_4^+ + CaX \rightarrow (NH_4)_2X + Ca^{2+}$$

这是一个瞬间就能达到平衡的离子交换反应,其结果是污水中的部分被土壤吸附,土壤表面的一部分 Ca^{2+} 被置换到水溶液中,这些被置换到水溶液中的 Ca^{2+} 将随着渗水进入地下水中,造成地下水硬度升高。

洛阳市污水中氨氮含量在 4.62～8.93 mg/L,包气带土壤不同深度水溶氨氮含量为 17.0～34.0 mg/L,见图 4-7。不同深度土壤水溶钙含量 740.3～1 711.0 mg/kg(干),镁含量为 24.0～48.0 mg/kg(干)。由图 4-7 可见,污灌区持续用污水灌溉,污水在向下渗透时,一部分 NH_4^+-N 被土壤吸附,而土壤中的 Ca^{2+}、Mg^{2+} 被置换出来随污水下渗进入地下水中。除此之外,灌区所用的氮肥溶水后以 NH_4^+ 的形式存在,除作物吸收和硬化作用生成 NO_3^- 外,为土壤吸收,同样也置换土壤中的 Ca^{2+}、Mg^{2+},随污水下渗进入地下水中使地下水硬度升高。

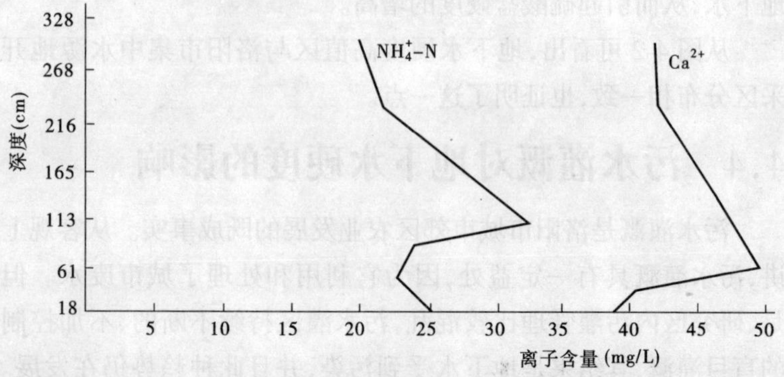

图 4-7 洛阳市污灌区土壤水溶组分含量深度变化图

4.5 地表河流对地下水硬度的影响

在综合分析 30 多年的水文、气象及大量水源井水分析资料基础上,经剔除各类干扰因素后发现,就研究区范围单纯降雨因素对市区地下水总硬度影响不明显。

但我们从傍河的几个水源井多年来水质硬度变化状态可以发现,洛河丰水年、丰水期来水量大,临河地下水总硬度有明显的下降,特别是傍河与河水转化关系密切的井,其影响很大,表现为井水总硬度长期无明显上升,几乎一直保持较低值,如洛南 8 号、10 号等,洛河补给对地下水总硬度影响见表 4-8。

前文已述,洛河与潜水含水层存在明显的水量转化关系,是地下水主要补给来源。研究表明,洛河水对沿河水源地的补给量可达 54.2%,由此决定了地下水的总硬度与洛河的补给机制有密切的关系(见表 4-8、4-9),分析有关资料发现,洛河丰水流量达到 60 m^3/s 时,河水对地下水的补给量大大增加。由于入渗地下的低硬度河水与地下水的混合稀释作用,使地下水总硬度逐渐下降,连续丰水年可使地下水总硬度在较长时期内有较大幅度的降低。

表 4-8　洛河补给对地下水总硬度影响　（单位:mg /L）

年份	临涧 10 号	洛南 8 号	洛南 10 号
1970	176.6		
1971	190.9		
1972	201.6		
1973	217.7		
1974	224.8		
1975	208.7		306.9
1976	192.7		310.4
1977	223.0		319.3
1978	221.2		326.5
1979	235.5		331.8
1980	217.7		322.9
1981	198.0		292.6
1982	233.7		289.0
1983	258.7		331.8
1984	237.3		296.1
1985	258.7		253.3
1986	240.8		233.7
1987	235.5		226.6
1988	242.6		235.5
1989	264.0	246.0	237.3
1990	265.8	254.8	237.3
1991	273.0	276.5	260.5
1992	307.9	255.2	272.9
1993	303.8	234.9	247.7
1994	277.1	246.3	261.7
1995	350.0	246.6	270.2
1996	358.6	293.9	323.5

表 4-9 洛河径流与水源井总硬度变化关系 (单位:mg/L)

年份	年径流量（亿 m^3）	张庄 1号	张庄 5号	张庄 9号	洛南 1号	洛南 6号
1962		215.9	208.7	174.8		
1963		212.3	214.1	178.4		
1964		182.0	201.6	174.8		
1965	23.7	165.9	217.7	176.6		
1966	10.9	199.8	217.7	198.0		
1967	17.6	205.2	217.7	194.5		
1968	19.4	206.9	235.5	208.7		
1969	13.7	189.1	226.6	198.0		
1970	13.0	201.6	226.6	226.6		
1971	11.3	194.5	230.1	237.3		
1972	7.4	212.3	248.0	242.6	274.7	
1973	10.5	231.9	265.8	281.9	280.1	
1974	13.7	248.0	267.6	290.8		
1975	26.9	239.1	281.9	240.8	285.4	267.6
1976	15.0	221.2	274.7	206.9	267.6	280.1
1977	8.1	258.7	290.8	342.5	296.1	299.7
1978	7.8	287.2	315.8	405.0	314.0	315.8
1979	9.2	319.3	413.9	428.2	321.1	324.7
1980	12.3	337.2	421.0	444.2	342.5	328.3
1981	12.4	335.4	431.7	471.0	328.3	328.3
1982	25.0	324.7	421.0	483.5	306.9	324.7
1983	33.4	331.8	412.1	467.4	301.5	337.2
1984	37.8	331.8	442.4	422.8	280.1	297.9
1985	26.6	294.4	392.5	438.9	267.6	312.2
1986	8.5	271.2	351.5	471.0	305.1	305.1
1987	14.8	339.0	429.9	603.0	321.1	321.1
1988	17.6	360.4	433.5	535.2	333.6	330.0
1989	18.8	349.7	510.2	429.9	339.0	333.6
1990	11.3	451.4	515.6	487.0	347.9	358.6
1991	4.5	390.7	533.4	529.9	362.2	342.5
1992	8.0	514.0	531.8	574.0		352.3
1993	13.4	480.1		566.5	354.2	351.4
1994	11.7	453.2	527.1	395.9	338.9	331.4
1995	4.3			467.9	349.1	343.9
1996			541.7	404.0	363.5	364.2

从傍河的张庄、洛南两个距洛河最近、开采量较大的水源井测试资料看出：1975年、1982年、1985年的三个丰水年期，各水井总硬度在当年或稍后年都有明显的下降，其中张庄1号、9号，洛南10号最为突出。如张庄9号井，1975年比1974年降幅达50 mg/L，1985年比1982年降幅44.6 mg/L，洛南10号井在1983、1987年时段，其总硬度降幅达105.2 mg/L。

丰水年一过，洛河进入枯水期和枯水年，地下水总硬度就又回升上来，而且必定会超过上一个硬度最高值，符合地下水硬化的总发展趋势。其原因是地下水经不断的开采使水位下降，而低硬度地表水补给减少，地表污水补充增多，使得地下水总硬度明显增高。表4-9中，几个井在经历了1977～1979年连续3年枯水期及1986年的枯水年后，地下水硬度都出现明显的连续上升。

图4-8是洛河1974～1984年径流量的变化曲线，与两个径流量低峰(枯水年)相应，张庄1号、洛南1号井的水质总硬度曲线上出现两个高峰值，只是出现时间有滞后，这是因为从地表水到地下水的补给存在一个滞后过程。上述现象在1995～1996年的枯丰水文转换期又重新出现，只是这一种转化过程越来越剧烈。

洛河径流量与地下水硬化之间是负相关关系，即洛河径流量越大，地下水硬度相应越低。由于水源井到河边距离不一，因此各井硬度变化与河流径流量之间存在滞后现象。

下面以洛南水源地为例做一分析：

洛南1号井水中硬度(y)与洛河径流量(x)之间采用相同年份资料建立回归方程为

$$y = 332.15 - 1.25x \quad (r = -0.474 \quad n = 15)$$

因$|r| = 0.474 < 0.514(5\%)$，故相关关系不能成立，硬度采用滞后一年数据

$$y = 341.05 - 1.78x \quad (r = -0.647 \quad n = 15)$$

$|r| = 0.647 > 0.514(5\%)$模式成立。说明河水径流渗入地下后，

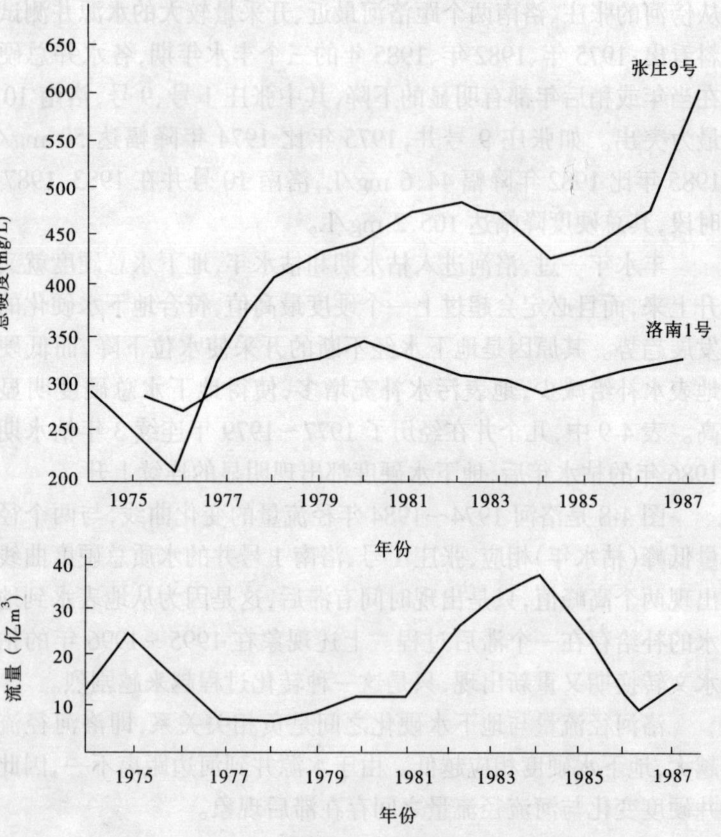

图 4-8　洛河径流量与地下水总硬度变化曲线

需经过 1 年左右运移才到达洛南 1 号，对地下水硬度产生影响，在确知洛南 1 号至河边距离后，可求出地表水体对地下水影响速度。

同样可求出洛南 10 号滞后 1 年、2 年数学模式，经过比较滞后 2 年的相关系数 r 大于判别值，数学模式成立(1974～1987 年)

$$y = 344.43 - 2.67x \ (r = -0.738 \quad n = 12)$$

地表水对地下水总硬度的影响显著，主要取决于地表水入渗的强度,如洛河正常下渗的强度小于洛河洪水期下渗强度,水源井距河的距离也是重要的因素。本文探讨的问题即是在同一入渗强度下总硬度影响速率。

为探讨地表水(洛河)对地下水的总硬度的影响速率,选择洛河 1981～1990 年水文时段的径流量,另取洛阳市主要的傍河水源地——洛南水源,沿地下水补给方向切一剖面(见图 4-9)。

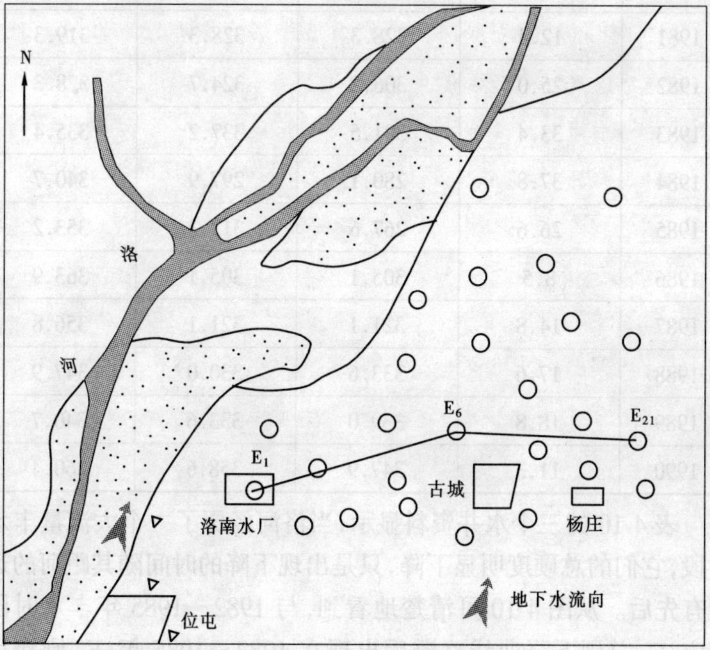

图 4-9　洛南水源井水质剖面图

按等距离选择几个代表性井,经对洛河径流及几个井总硬度的 10 年连续资料分析,水井总硬度的影响时间与井距洛河的距离有明显的相关性,即距河越近变化越快,距河越远变化越慢,见表 4-10。表中洛河 10 年径流变化中包括 1982～1985 年的一个丰水时段，其年径流量大大超过洛河多年平均径流量(19 亿 m^3)，均在 25 亿 m^3 以上。显然，如此大的水量对地下水总硬度影响很明显。代表性井 E_1 在河边，E_{21} 距 E_1 4 000 m，E_6 在剖面线中间。

表 4-10 洛河径流与水井总硬度相关变化

年份	径流量(亿 m^3)	E_1(mg/L)	E_6(mg/L)	E_{21}(mg/L)
1980	12.3	342.5	328.3	319.3
1981	12.4	328.3	328.3	319.3
1982	25.0	306.8	324.7	328.3
1983	33.4	301.5	337.2	335.4
1984	37.8	280.1	297.9	340.7
1985	26.6	267.6	312.2	353.2
1986	8.5	305.1	305.1	363.9
1987	14.8	321.1	321.1	356.8
1988	17.6	333.6	330.0	347.9
1989	18.8	339.0	333.6	340.7
1990	11.3	347.9	358.6	360.4

表 4-10 的三个水井资料显示，当洛河经历了一个大流量丰水时段，它们的总硬度明显下降，只是出现下降的时间随其距河的远近有先后。从图 4-10 可清楚地看到，与 1982～1985 年丰水时段相应，E_1 总硬下降曲线略滞后出现在 1982～1985 年；E_6 则滞后两年，为 1984～1986 年；E_{21} 则滞后五年，为 1987～1989 年。以此剖面的距离和相应滞后时间计算，该剖面的平均影响速率为 2.2 m/d，E_1 至 E_6 段的影响速率约 3 m/d，E_6 至 E_{21} 的影响速率约 1.8 m/d。总硬度下降幅度为 $E_1 > E_6 > E_{21}$，亦即离洛河越远，影响越小。

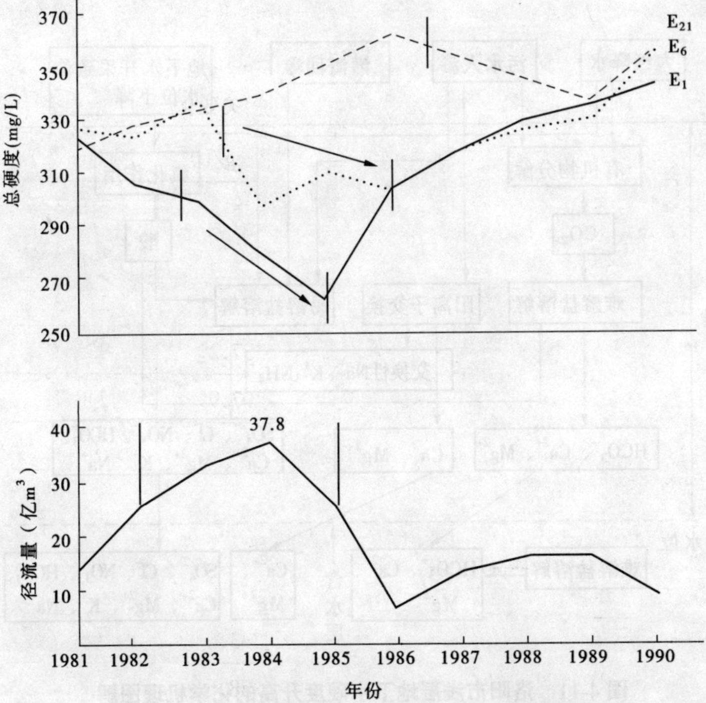

图 4-10　丰水径流对地下水总硬度影响时段曲线

就洛阳市区而言，浅层地下水硬度升高的化学机理可归纳如下：

(1)地下水中不断增加的钙镁离子，主要来自土壤中钙镁易溶盐及土壤中交换性钙镁离子。

(2)通过大气降水、污水入渗、抽取地下水灌溉回渗水及地下水开采，经历钙镁易溶盐溶解、钙镁难溶盐溶解、阳离子交换以及氧化作用等化学反应把 Ca^{2+}、Mg^{2+} 带到地下水中，导致地下水的硬度升高，其次是 Cl^-、SO_4^{2-}、NO_3^-、HCO_3^-、Na^+、K^+ 含量的增加。

洛阳市浅层地下水硬度升高的化学机理图解见图 4-11。

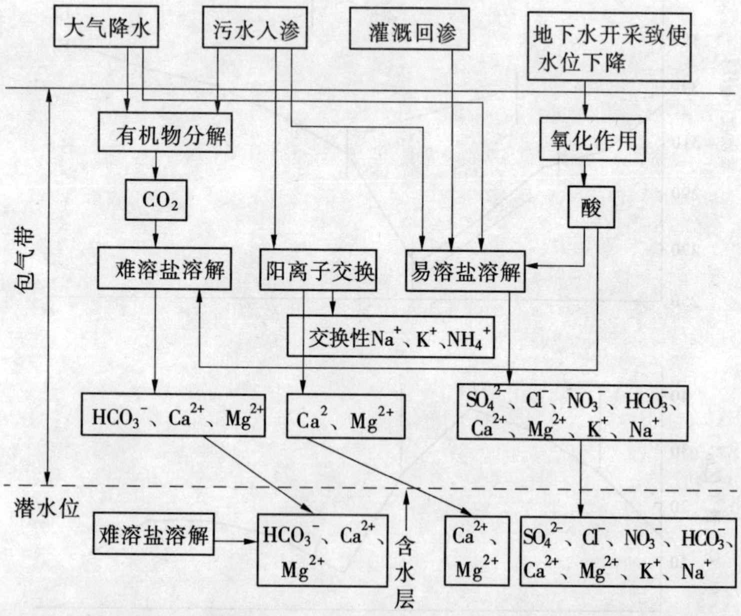

图 4-11　洛阳市浅层地下水硬度升高的化学机理图解

4.6　地下水硬度变化趋势预测

4.6.1　洛阳市浅层地下水硬度的回归分析预测

多年的水质资料分析显示，浅层地下水硬度愈来愈高，部分已经超过现行国家生活饮用水标准。因此，当务之急是改善浅层地下水水质，解决水质硬化问题。这就要求，掌握市区浅层地下水硬度的时空发展趋势，采用数理统计方法探讨本区地下水硬化趋势，数学模型采用一元回归方程 $Y = a + bX$，有关水源井的计算结果如下：

(1)王府庄 9 号

1962～1996　35 年　变幅 $325.9-254.8=71.1$

年变化速率　2.03

$Y=233.7+2.02X$　($r=0.893$　$n=35$)

(2)五里堡 6 号

1979～1996　18 年　变幅 $581.5-423.9=167.6$

年变化速率　9.31

$Y=439.26+5.65X$　($r=0.850$　$n=18$)

(3)临涧 1 号

1962～1991　30 年　变幅 $472.8-274.7=198.1$

年变化速率　6.60

$Y=274.08+6.80X$　($r=0.860$　$n=29$)

根据相关系数 r 值来判别,上述三个数学模型的相关性好,说明地下水中硬度与时间变量(X)之间有着很好相关性,它随着时间的增加而不断增加。

对王府庄 9 号的进一步研究还可发现,上述变化趋势大体可分为两个阶段,即 1976 年之前和之后。在 1962～1976 年的 15 年内,地下水硬度变幅为 2.1,年变化速率仅为 0.14,数理统计模型 $Y=248.20+0.27X$ 的相关系数 $r=0.309<0.514(5\%)$,表明这一阶段地下水中硬度与时间变量之间相关关系很小。而 1977～1996 年的 20 年内,硬度变幅为 67.2,年变化率达 3.36,是前一阶段(0.14)的 24 倍,数理统计模型 $Y=246.92+3.64X$ 的相关系数 r 为 0.96,说明地下水中硬度与时间变量之间有着良好的相关性。通过这一分析不难看出,地下水硬化趋势主要发生在改革开放以后,产生的主要原因是环境污染和地下水开采量过大,造成采(开采量)补(补给量)失调。1976 年以前,本地区工农业生产和人民生活水平相对比较落后,用水量也较小,地下水的开采量与补给量基本保持平衡,环境污染程度小,产生波动可能与降水量有关。

地下水硬化数学模型函数曲线见图 4-12。

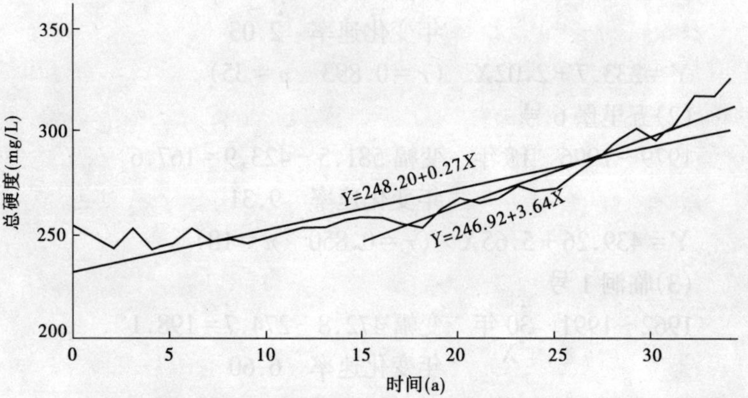

图 4-12　地下水硬化数学模型函数曲线

根据数学模型和最近几年的监测资料分析，对洛阳市区地下水水质硬化提出以下预测结果：

(1)城市区主要水源井的地下水硬度平均值按年上升 8～10 mg/L 计，那么在 2～3 年内将达到或超过国家饮用水总硬度的标准。

(2)城市区饮用水源(集中开采的水源)的水质硬度平均值按年上升 5.5 mg/L 计，那么 10 年内全市饮用水源水质总硬度将达到或超过国家饮用水质标准。

4.6.2　洛阳市浅层地下水硬度的灰色数列预测

浅层地下水硬度的变化有多种原因，如含水层岩性、河流对含水层的补给、污水入渗以及地下水开采等。这些因素影响难以定量化分析。对于像地下水硬度这样受许多因素影响而又无法确定那些复杂关系的量，可以应用灰色数列预测对其进行预测分析。将地下水硬度视为灰色量，只从其自身的数据中寻找有用信息，发现内在规律，建立灰色模型进行预测。

4.6.2.1　灰色数列预测的方法和步骤

灰色数列预测，是指利用灰色动态模型对系统的主行为特征量或某项指标发展变化到未来某一时刻出现的数值进行预测。它的特点是单数列预测。在形式上，只用预测对象自身的时间序列，而与预测对象相关联的其他对象没有参与运算和建模。

1)GM(1,1)模型

灰色数列预测主要是建立灰色数列预测模型，即 GM(1,1)模型。其数学表达式是微分方程 $\frac{dX^{(1)}(t)}{dt}+aX^{(1)}(t)=u$。微分方程中的 $X^{(1)}(t)$ 是由 $X^{(0)}(t)$ 经一次累加变换得到，即 $X^{(1)}(t)=\sum_{k=1}^{t}X^{(0)}(k)$。求解微分方程得到：$\hat{X}^{(1)}(t+1)=(X^{(0)}(1)-u/a)e^{-at}+u/a$，然后将 $\hat{X}^{(1)}(t)$ 进行一次累减变换 $\hat{X}^{(0)}(t)=\hat{X}^{(1)}(t)-\hat{X}^{(1)}(t-1)$，得到预测值 $\hat{X}^{(0)}(t)$。

2)灰色数列预测

在应用过程中，灰色数列预测模型的预测效果常常受到原始数据的长短和外界因素干扰的影响。提高模型预测精度的方法有多种，其中，等维灰色递补动态预测能够有效地提高模型的预测性能。它可以及时补充和利用新的信息，提高灰色区间的白化度；每预测一步，灰参数做一次修正，模型得到改进。在预测过程中，先用已知数列建立 GM(1,1)模型进行预测，然后将得到的预测值补充在已知数列之后，同时为保持数列的等长度(等维)，去掉已知数列的第一个数据，再建立 GM(1,1)模型，预测下一个值。如此逐个预测，依次递补，直到完成预测目的或达到一定的精度要求为止。具体步骤包括：

(1)对原始数据进行预处理，得到等间距数据。

(2)从处理后的数列 $X^{(0)}=[X^{(0)}(1),X^{(0)}(2),\cdots,X^{(0)}(n)]$

中,选取不同长度的连续子数列:

$X_i^{(0)} = [X^{(0)}(i+1), X^{(0)}(i+2), \cdots, X^{(0)}(n)]$, $i=1,2,n,\cdots,n-4$。

(3)建立GM(1,1)模型,进行动态预测。

①对子数列作一次累加变换,记为 $\{X_i^{(0)}\} \to \{X_i^{(1)}\}$, $X_i^{(1)}(t) = \sum_{k=i+1}^{t} X_i^{(0)}(k)$

②构造矩阵 B 与向量 Yn

$$B = \begin{bmatrix} -(X^{(0)}(i+1)+X^{(0)}(i+2))/2 & 1 \\ -(X^{(0)}(i+2)+X^{(0)}(i+3))/2 & 1 \\ \cdots & \\ -(X^{(0)}(n-1)+X^{(0)}(n))/2 & 1 \end{bmatrix}$$

$$Yn = (X^{(0)}(i+2), X^{(0)}(i+3), \cdots, X^{(0)}(n),)^{\mathrm{T}}$$

③用最小二乘法求系数 $\hat{a}_i$, $\hat{a}_i = (B^{\mathrm{T}}B)^{-1}B^{\mathrm{T}} \cdot Yn = [a_i \quad u_i]^{\mathrm{T}}$。

④求 $\hat{X}_i^{(1)}(t)$: $\hat{X}_i^{(1)}(t+1) = (X_i^{(0)} - u_i/a_i)\mathrm{e}^{-a_i t} + u_i/a_i$。

⑤将 $\hat{X}_i^{(1)}(t)$ 进行一次累减变换 $\hat{X}_i^{(0)}(t) = \hat{X}_i^{(1)}(t) - \hat{X}_i^{(1)}(t-1)$,得到预测值 $\hat{X}_i^{(0)}(t)$。

⑥计算模型的预测误差,即残差和相对误差:

$$E^0 = X_i^0 - \hat{X}_i^{(0)}、RE^{(0)} = (X_i^{(0)} - \hat{X}_i^{(0)})/X_i^{(0)} \times 100\%$$

⑦将预测值补充在已知子数列之后,同时去掉子数列的第一个数。

重复①~⑦的步骤,直到完成预测目标。

4.6.2.2 浅层地下水硬度现状及预测

1)浅层地下水硬度现状

根据洛阳市内的地表水系分布、地下水流场以及工农业分布特点,选定9个水源地监测点的浅层地下水硬度作为分析对象。监测点的空间分布如图4-13所示。5、8和9这三个监测点分布在农业区,且距河较远,其余6个监测点都在市区内。

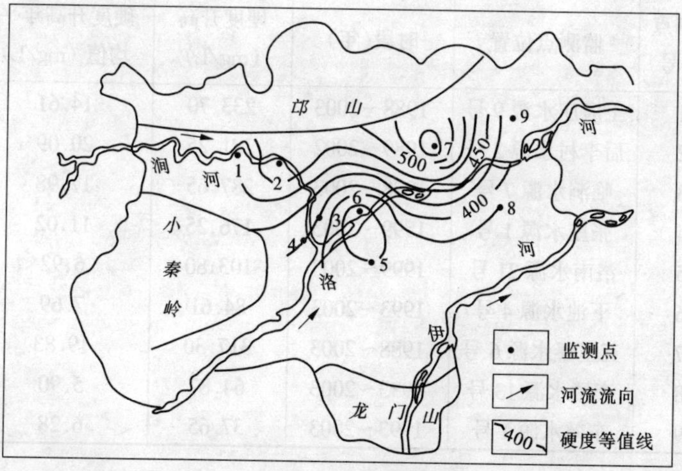

图4-13　2002年浅层地下水硬度分布

各监测点的浅层地下水硬度数据采用"洛阳市地下水监测结果",取每年5月份和10月份监测数据的平均值作为年平均值,并以$CaCO_3$计。

在1986～2002年间,洛阳市浅层地下水硬度升高了67.00 mg/L,年平均升高3.94 mg/L。从表4-11可以看出,各监测点的地下水水质出现不同程度的硬化。局部地段因受工业废水污染,其水质硬化曲线波动变化明显,如监测点2,1995年以前因附近有酸碱性工业废水通过厂区无防渗的场地、废水池及排水沟渗入地下,水质硬化呈突发性、上升幅度大的特点。监测点4是在老城区,工矿企业少。由于生活污水渗入地下,使上部土层中丰富的方解石和白云石逐渐溶解,导致地下水中Ca^{2+}、Mg^{2+}含量的上升。该监测点附近,曾于1984～1985年和1992～1996年用较清洁的洛河水进行两次回灌试验,受回灌水稀释,浅层地下水硬化有所缓解。但这种影响是短期的。

表 4-11　各监测点的浅层地下水硬度变化

监测点编号	监测点位置	时段(年)	硬度升高(mg/L)	硬度升高年平均值(mg/L)
1	王府庄水源 9 号	1988～2003	233.70	14.61
2	后李村水源 2 号	1989～2002	281.25	20.09
3	临涧水源 7 号	1988～2003	287.65	17.98
4	张庄水源 1 号	1999～2003	176.25	11.02
5	洛南水源 21 号	1999～2003	103.80	6.92
6	下池水源 4 号	1993～2003	84.61	7.69
7	五里堡水源 6 号	1988～2003	317.30	19.83
8	李楼水源 13 号	1993～2003	64.87	5.90
9	东郊水源 1 号	1993～2003	37.65	6.28

从 2002 年地下水硬度空间分布图可以粗略看出(见图 4-13),洛河北面的浅层地下水硬度总体高于南面。监测点 2 和监测点 7 硬度超过 450 mg/L,属极硬水,其余各监测点的硬度大部分在 300～450 mg/L范围内,属硬水。

2)浅层地下水硬度的灰色数列预测

将浅层地下水硬度视为灰色量,建立灰色数列预测模型,对硬度发展变化到未来某一时刻出现的数值(硬度年平均值)进行预测。9 个监测点的硬度预测时段到 2010 年为止。

(1)原始数据预处理。在建立灰色模型之前,对原始数据进行插值处理,以保证数据的等间距和连续性。

(2)GM(1,1)建立及硬度预测。根据预测时段长度和原始数列的变化特点选取若干个不同长度(建模时段)的连续子数列,建立 GM(1,1)模型,进行等维灰色递补动态预测。

GM 模型的精度检验方法包括：①残差大小检验，即按点检验；②关联度检验，指模型曲线的形状与建模数列曲线的形状接近程度的检验；③后验差检验，用残差数列的方差与原始数列方差之间的比值进行检验。其中，残差大小检验，较直观且易判别。模型的预测误差除了可以用残差表示外，还可用残差的百分比即相对误差表示。本文采用相对误差绝对值的平均值和最大值来表示模型的预测效果。对每个监测点而言，由不同长度的子数列可以建立不同的 GM(1,1)模型，相应的会得到不同的预测结果。因此，预测结果必须经过筛选才有参考价值。综合考虑各监测点地下水硬度的变化趋势、影响因素以及模型的预测误差，最终选用的数列建模时段、预测时段以及相应的模型预测误差如表 4-12 所示。

表 4-12　建模时段、预测时段及模型预测误差

监测点编号	建模时段	预测时段	$ave\|RE^{(0)}\|$	$max\|RE^{(0)}\|$
1	1992～2003	2004～2010	2.94%	7.59%
2	1999～2002	2003～2010	2.08%	15.34%
3	1993～2003	2004～2010	3.79%	10.02%
4	2000～2003	2004～2010	1.05%	5.16%
5	2000～2003	2004～2010	1.01%	3.61%
6	1996～2003	2004～2010	1.74%	5.65%
7	1998～2003	2004～2010	1.11%	3.96%
8	1995～2003	2004～2010	0.77%	2.81%
9	1999～2003	2004～2010	0.47%	0.93%

注：$ave|RE^{(0)}|$和 $max|RE^{(0)}|$分别表示相对误差绝对值的平均值和最大值。

用各监测点的原始数据及预测结果绘制硬度的变化历时曲线图和空间分布等值线图。从曲线图可以看出(见图 4-14)，大部分

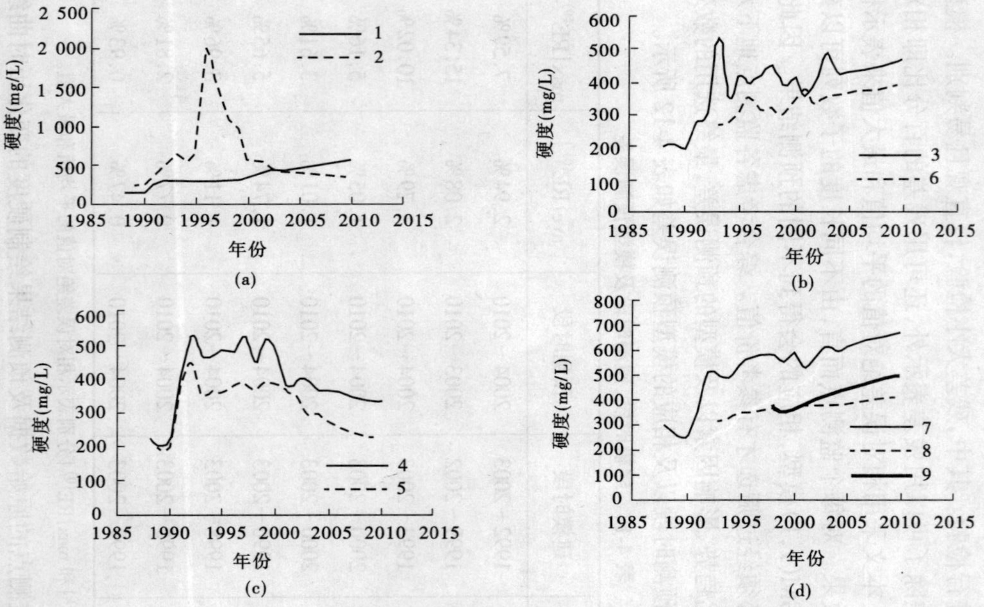

图 4-14　各监测点的硬度变化历时曲线

监测点的浅层地下水硬度仍呈上升趋势，只有2、4及5这三个监测点的浅层地下水硬度有所下降。

监测点1，地下水中硬度与Cl^-含量有明显的相关性。地下水硬度升高可能是因为矿化度越高，难溶碳酸盐溶解度越高。监测点2，由于附近的硫酸厂于1995年停产，水源井也停产。这之后一直到2002年，地下水硬度明显回落。预测结果显示，2002年以后硬度下降速度减小，趋于稳定。3和6这两个监测点处在污灌区内，受污水灌溉影响，浅层地下水硬度继续呈上升趋势。4和5这两个监测点在市郊，由于附近的河流拦河蓄水，增加了对浅层地下水的补给，对浅层地下水起到稀释作用，使地下水硬度呈下降趋势。监测点7处盆地平原区和邙山接触的边界弱透水地带，远离河水补给。该监测点处于水位低槽地带，加上生活污水长期下渗，使槽内污染物易集中而不易扩散，地下水硬度一直上升。农业灌溉区中监测点8尤其是监测点9附近，因污水灌溉，浅层地下水硬度升高。

经气象、水文和水质监测资料综合分析，单纯降雨因素对区内浅层地下水硬度影响不明显。

对比图4-13、图4-15和图4-16这三个等值线图发现，2002～2010年，浅层地下水硬度的空间分布有所变化。到2010年，监测点1附近的浅层地下水的硬度仍居高不下，此外以监测点7为中心的极硬水带范围往东、南方向扩大；监测点4和5周围的浅层地下水硬度呈下降趋势。

灰色数列预测结果反映了洛阳市浅层地下水硬度的未来变化趋势：①除了2、4和5这三个监测点的浅层地下水硬度有所下降外，洛阳市大部分地区的浅层地下水硬度仍呈上升趋势，尤其是1、3、7及9这四个监测点附近的浅层地下水硬度居高不下；②2002～2010年，浅层地下水硬度的空间分布将发生变化。

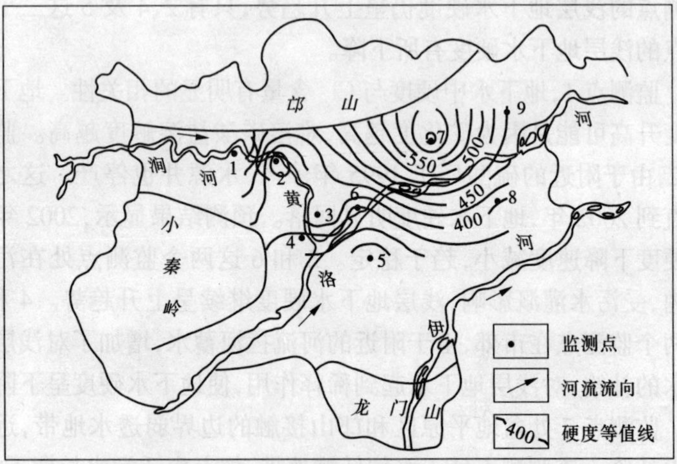

图 4-15　2007 年浅层地下水硬度分布

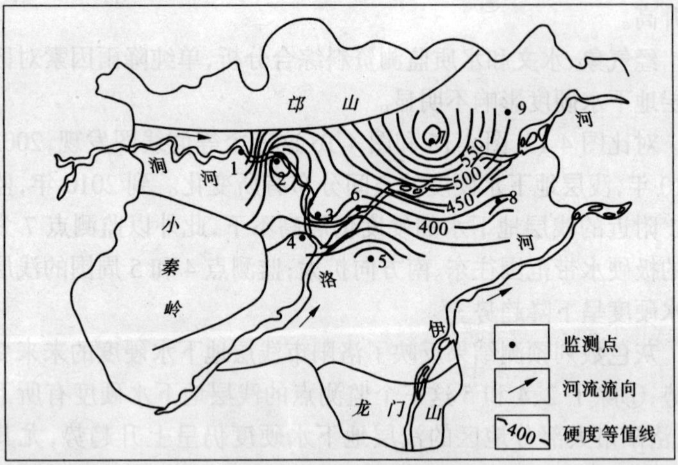

图 4-16　2010 年浅层地下水硬度分布

第 5 章 地下水硬度升高的防治对策

5.1 地下水硬度升高所产生的危害

5.1.1 硬水对工业生产的危害

不同的工业产品对水的硬度有不同的要求。纺织和印染工业用水要求的硬度在 10 mg/L 以下,超过这个指标,浆洗纺织物时,水中的钙、镁盐类就会和肥皂起作用,生成难溶于水的脂肪酸钙、镁等物质黏附在纺织纤维表面,使产品出现斑点,色彩黯淡,洁白度下降,影响产品质量,同时还会多消耗肥皂,增加成本。用这种水漂染纺织物时,有的染料会与水中的钙、镁盐结合,生成沉淀物;有的染料容易在硬水中水解,发生沉淀。因此,使用硬水溶化染料就不会均匀,染后纺织物表面发花、生垢、起斑点,色泽和光泽都不好,形成次品,甚至使产品报废。对于化学和制药工业来说,在进行化学实验、制造化学试剂、药品和针剂以及高压锅炉用水等方面都需要纯水。由于钙、镁及钠等金属离子是导体,会引起导电事故,电子工业中制造电子计算机、显像管和集成电路器件时,要求用比蒸馏水纯得多的超纯水,例如在硅片上不允许有 1 μm 大小的灰尘。在冷却用水中,硬度可能会使冷却器中结垢,从而降低冷却效果,浪费大量的水。一般锅炉用水要求水的硬度在 3 mg/L 以下,如果使用硬水,水中含的重碳酸盐因受热分解成为难溶的碳酸盐沉淀,就会形成水垢。锅炉结垢以后,水垢的导热能力比锅炉壁要小得多,大大增加了燃料消耗。同时由于炉壁有坚厚的水垢,锅炉中的水与炉壁不能直接接触，被水垢隔开的炉壁温度可烧至千度以上，使锅炉外表严重氧化腐蚀，水垢本身也腐蚀锅炉，影响锅炉寿命。另外，水垢中的碳酸盐在高温时易发生热分解并放出大量的 CO_2 气体，会使水垢局部爆裂和脱落，如果有水从水垢裂缝中渗入，炉壁骤然冷却即发生炸裂。特别是高压锅炉，一旦发生爆炸，会造成重大事故。总之，水垢不仅浪费了大量的煤，而且也使许多锅炉的寿命降低了。

为了满足各种工业产品对水质硬度的不同要求，就必须对硬水进行软化处理，因而这就给工业生产增加了一笔可观的成本费用。在研究过程中，我们重点对洛阳市区的工业锅炉用水情况进行了调查。经调查，洛阳市区内现有工业锅炉 240 余台，其工业锅炉额定蒸发量总计约 2 570 t/h。根据我们对洛阳热电厂、洛阳白马集团、洛阳轮胎厂、航空工业部 014 中心等单位的调查了解，目前洛阳市软化 1 t 硬水的材料及电力消耗为 0.42～1.00 元(不包括设备维修折旧、人员工资等)。经粗略估算，洛阳市内仅工业锅炉每年用于软化水的处理费用(仅材料及电力消耗)约为 444 万元。例如洛阳白马集团工业蒸汽锅炉用水，处理 1 t 硬度 500 mg/L的水，其材料和电力消耗费用为 0.63 元；处理 1 t 硬度 600 mg/L的水，其材料和电力消耗费用为 0.78 元，也就是说地下水硬度升高 100 mg/L，软化 1 t 水的费用就增加了 0.15 元。按这个数据推算，如果地下水硬度升高 100 mg/L，那么每年仅用于工业锅炉软化水处理方面的费用将会增加 92.5 万元。可想而知，对于全市各种工业产品来说，由于地下水硬度的升高，工业企业耗费在软化硬水上所增加的费用将会更大。

由于水的 pH 值和碱度等因素的影响，水中碳酸钙硬度大于 200 mg/L 时，可能在管网中产生沉淀，造成管网堵塞，这一点在野外调查过程中已得到证实。市区自来水管网改造过程中均发现管的内壁上附着有白色的碳酸钙等物质。

因此，地下水硬度升高对工业生产造成的经济损失也是不可低估的。

5.1.2 硬水对农业生产的影响

硬水中含有大量的钙、镁、铁、铝和锰等金属的碳酸盐、重碳酸盐、氯化物、硫酸盐及硝酸盐类等。另外，还含有各种钠盐，它们的总含量叫全盐量。水的硬度愈高则全盐量也愈大，用高全盐量的水灌溉农田，在太阳热能作用下，发生强烈的蒸发，使溶解于水中的大量盐类逐渐聚积在土壤表层，并使土壤发生盐渍化。土壤中含有大量的盐分对农作物生长很不利。华北平原的多年实践说明，当水的全盐量小于 1 g/L 时，一般农作物生长正常；全盐量为 1～2 g/L时，水稻、棉花生长正常，小麦受抑制；全盐量为 5 g/L 时，土壤迅速盐渍化，灌溉水量充足时，水稻可以生长，棉花显著受抑制，小麦不能生长；全盐量为 20 g/L 时，使大部分农田变为光板地，严重盐渍化，农作物不能生长，只能生长少量的耐盐牧草。由此可见，地下水硬度的升高，对农作物的生长也是极为不利的。

5.1.3 硬水对日常生活与人体健康的影响

5.1.3.1 硬水对日常生活的影响

由于硬水中构成硬度的钙、镁离子与肥皂化合产生硬脂酸钙、镁，使部分肥皂失去了去污能力。据计算，一个百万人口的城市，若以每人每日使用肥皂的洗涤用水量为 1～2 L，而水的硬度由 350 mg/L 变为 370 mg/L 即硬度升高 20 mg/L，则这个城市肥皂的每月用量可增加 3 500～7 000 kg。同时，肥皂与水中硬度所产生的溶于水的硬脂酸钙及微溶于水的硬脂酸镁，在水中都能成为一种较黏的沉淀物，在洗衣或洗脸时可黏附在衣服或毛巾的纤维上，较难洗掉，日久即可使纤维变硬、发脆，衣服或毛巾很容易损坏。此外，在人们洗澡、洗脸时，这种硬脂酸钙、镁也可附着于人的皮肤或头发上，所以用高硬度的水洗澡后皮肤或头发有发黏的感觉。

用水壶盛硬度较高的水烧开时，水中的暂时硬度在加热过程中便分解产生碳酸钙、镁等沉淀物

$$Ca(HCO_3)_2 \rightarrow CaCO_3 \downarrow + H_2O + CO_2 \uparrow$$

$$Mg(HCO_3)_2 \rightarrow MgCO_3 \downarrow + H_2O + CO_2 \uparrow$$

这些沉淀物积于水壶内壁成为水垢，俗称水碱。日常生活中，水的硬度高，则水壶内壁很容易结垢，而且结垢很快。另外，用硬水烧菜，水中的钙、镁盐类能与豌豆、蚕豆中的蛋白质作用，生成一层硬皮，不易煮熟和烧烂，有时还会出现一种令人不快的颜色。用硬水煮肉和其他蔬菜时，有时也会发生类似的现象。

5.1.3.2 硬水对人体健康的影响

一般说，由于钙、镁的碳酸盐在水中的溶解度很小，而且不稳定，所以水的暂时硬度不可能太高。所谓高硬度水，往往是永久硬度较高的水，有苦涩味（由钙、镁离子与水中的硫酸根与氯离子所构成的硫酸钙、硫酸镁、氯化钙、氯化镁等各种化合物都有不同程度的“苦涩”味），据国内报道，人们饮用碳酸钙硬度为 707～935 mg/L 的水，第二天就出现不同程度的腹胀、腹泻和腹痛，引起人的胃肠功能紊乱。不过人对硬度有一定的适应性，一般经过一段不太长的时间，即可能适应。但是，如果饮用水的硬度特别高，则可能严重影响人体健康。据朱济成编著的《硬水》一书介绍，在个别淡水缺乏的干旱地区，人们不得不饮用硬度高达 1 250 mg/L 以上的硬水，这种水不仅苦涩难饮，而且饮后大多数人出现急性呕吐、腹泄等症状。这种硬水一般牲畜也不愿饮用，有的牲畜喝了硬水之后引起流产。在此值得一提的是，在洛阳市，目前已有个别地方地下水硬度超过了 1 000 mg/L。

关于饮用水硬度升高对人体健康的影响目前尚无确切的论证。但据我国卫生部对全国 37 个城镇 40 岁以上居民的心血管疾病研究表明，男、女冠心病死亡率和男性的脑血管病死亡率均与饮

用水的总硬度呈正相关关系。在我国北方城市，胆结石、肾结石及泌尿系统结石等发病率较南方城市高，有人认为地下水硬度北方较南方高也是一个原因。此外，我们在调查中发现，洛阳白马集团胆结石等结石类疾病发病率较高，因而进行了一些初步的调查分析。洛阳白马集团位于市区地下水降漏斗区，各自备井的地下水硬度普遍较高，而该单位职工家属的胆结石等结石类疾病的发病率近年来也在升高。我们对该集团1989～1997年自备井地下水硬度资料作了统计，并绘制出了地下水硬度曲线图，同时，我们对该集团职工及家属各类结石病（主要为胆结石）发病率也作了统计，并且绘制了结石类疾病发病率曲线图，详见图5-1。从图5-1

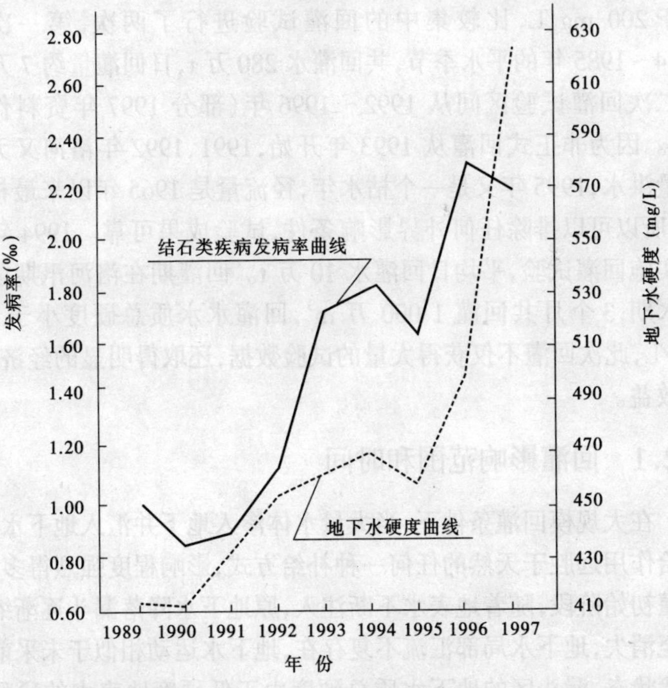

图5-1　白马集团1989～1997年地下水硬度与结石病发病率关系图

可以看出,结石类疾病发病率与地下水硬度基本上呈正相关关系。

综上所述,地下水硬度的升高,不仅对工农业生产有影响,而且还直接影响着人们的日常生活和身体健康。

5.2 人工回灌防治地下水硬度升高

根据洛阳市区独特的水文地质条件,洛阳市有关部门1984年开始进行大规模地表水回灌,回灌效果表明,地表水回灌不仅增加了地下水的开采量,还可以缓解地下水的硬化。

回灌在洛河上游河漫滩进行。开挖回灌坑,引较清洁的洛河水实施回灌,其水质可达到地表水三级标准以上,水质总硬度平均小于200 mg/L,比较集中的回灌试验进行了两次,第一次为1984~1985年的平水季节,共回灌水280万t,日回灌量约7万t。第二次回灌试验区间从1992~1996年(部分1997年资料作参考)。因为非正式回灌从1993年开始,1991、1992年洛河又无大流量洪水,1995年又是一个枯水年,径流量是1965年以来最枯小的,所以可以排除任何外界影响条件,试验成果可靠。1994年正式实施回灌试验,平均日回灌水10万t。回灌期在洛河汛期前的平水期,3个月共回灌1 000万m^3,回灌水水质总硬度小于200 mg/L,此次回灌不仅获得大量的试验数据,还取得明显的经济、社会效益。

5.2.1 回灌影响范围和时间

在大规模回灌条件下,当大量水体渗入地下并汇入地下水,其补给作用远胜于天然的任何一种补给方式,影响程度强烈得多,在回灌初始阶段,随着地表水不断注入,原地下水降落漏斗逐渐缩小以至消失,地下水局部汇流不复存在,地下水运动相似于未采前的天然状态,漏斗区的地下水质总硬度由于低硬度地表水的稀释作用开始下降;接着因为回灌补给量的进一步增大,使回灌中心区地下水位逐渐发展为凸丘状，地下水径流形成近似于射状的散流，以稀释后的较低硬度的水补充影响外围地段的地下水。

本次回灌对地下水总硬度影响范围最大达到 20 多 km^2，呈东西长、南北短的椭圆形，沿洛河流向（亦是地下水流向）延伸约 5.5 km（见图 5-2），地下水总硬度影响变化时间随水源井距回灌坑的距离远近而存在差异，但都具有滞后性，这是由于：地下水的运动

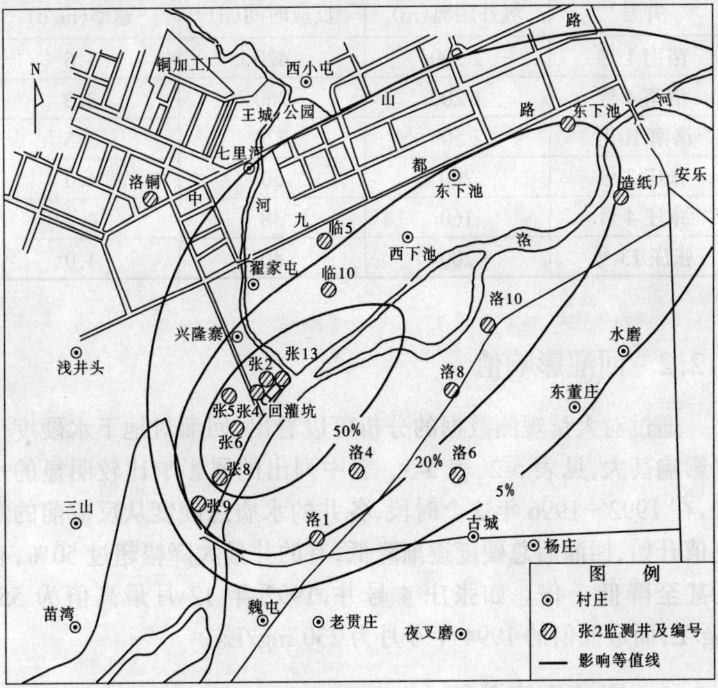

图 5-2　地表水回灌影响研究图

（流动）通过含水层的介质需要时间，不同的介质其透水性不同，其地下水流动速度亦不同。人工开采地下水也影响地下水的运动速度，抽水强度越大，地下水运动速度越大，不同硬度水的交替越快，

其影响变化的时间则越短,其初始反应不到两个月,如张庄4号水源井,硬度最低值出现在4个月后,停灌两个月后硬度即上升恢复。回灌坑附近500 m以内,河漫滩区的井其反应时间都不超过几个月;距回灌坑1 000 m以上的井则滞后1年以上,回灌影响边缘的井其反应滞后时间达两年,见表5-1。

表5-1 回灌水质影响时间

井号	坑井距离(m)	反应时间(d)	速率(m/d)
洛南1号	1 500	420	3.6
洛南4号	1 200	360	3.3
洛南10号	2 500	720	3.5
张庄2号	200	50	4.0
张庄4号	160	38	4.2
张庄13号	200	40	4.0

5.2.2 回灌影响值

通过对大量观测数据的分析可以看出,回灌对地下水硬度下降影响甚大,见表5-2、表5-3。表中列出的属影响比较明显的水井,在1992~1996年这个时段,各井的水质总硬度从反应前的最高值开始,回灌后总硬度逐渐降低,有的井最大降幅超过50%,有的甚至降低一倍。如张庄4号井,1992年12月最高值为555 mg/L,而最低值的1994年6月为230 mg/L。

5.2.3 影响因素分析

用低硬度地表水回灌,对地下水产生多方面的明显效果,回灌作用对地下水硬度的影响,可以认为是诸方面作用的综合效应。

地表水回灌强度(也就是回灌速率)越大,地下水质总硬度的变化反应越明显,回灌强度取决于回灌水量、回灌的时间及回灌坑

表 5-2　回灌对水源井硬度变化影响　(单位:mg /L)

年份	1992	1993	1994	1995	1996	1997
张庄 2 号	379.0	314.4	269.1	320.3	403.0	
张庄 4 号	465.7	363.3	270.0	431.3	385.3	458.7
张庄(－6)号	502.2	466.4	295.5	336.1	386.8	375.8
张庄 6 号	415.4		381.2	336.1	427.3	375.3
张庄 8 号	556.8	518.3	285.4	385.9	366.3	
张庄 9 号	574.0	566.5	395.9	467.9	404.0	
张庄 13 号	303.4	237.8	229.3	270.0	323.1	
洛南 1 号		354.2	338.9	349.1	363.5	375.3
洛南 4 号		296.6	332.6	315.2	342.3	325.3
下池	317.1	263.4	267.3	293.4	348.6	306.6
洛玻 4 号			455.4	448.6	458.5	
造纸厂	345.5	261.6	279.6	332.5	333.8	
铜加工厂生活区	385.5	394.3	389.1	385.4	382.7	370.6
李楼 7 号		372.5	323.4	331.6	342.6	

表 5-3　回灌影响表　(单位:mg /L)

年份		1月	2月	3月	4月	5月	6月	7月	8月	9月	10月	11月	12月
张庄 2号	1992	379.0											
	1993		430.4			260.2			262.7		304.3		
	1994	340.3					237.7		254.2		283.3		230.2
	1995	232.7				337.3		339.3				371.3	
	1996	457.4		416.9		334.8							
张庄 4号	1992		387.4		408.4		425.4		489.4	528.0			555.5
	1993		523.0		304.8	335.3			265.2		376.3		375.3
	1994	377.8			255.2		230.2		280.3		245.2		231.2
	1995	235.2		330.3			353.3		347.8		365.8		415.4
	1996	424.4		396.4		327.3		329.6					448.7
	1997		459.4		457.9								

续表 5-3

年份		1月	2月	3月	4月	5月	6月	7月	8月	9月	10月	11月	12月
张庄-6号	1992			415.4		454.4		560.5		578.5			
	1993		555.5		443.4	400.4							
	1994	288.0			282.8		316.3		290.3				285.3
	1995	292.8								320.3		395.4	
	1996			344.8				346.3			388.4		427.1
	1997	400.4			351.3								
张庄6号	1992					415.4							
	1993												
	1994				425.4		451.4		374.8		338.3		312.3
	1995	292.8								320.3		395.4	
	1996	420.4				445.4		410.3			425.9		434.4
	1997		390.4		360.3								
洛南1号	1993		348.8		364.3		340.3	350.3		361.3		360.3	
	1994	340.3		330.3		325.3				345.3		353.3	
	1995	337.8		342.8		350.3		355.3		355.3		352.8	
	1996	360.3			345.3		347.8		355.8		386.4		385.4
	1997		375.3		375.3								
洛南4号	1993		295.3		294.3		300.3						
	1994	325.3		305.3		320.3		349.3		355.3		340.3	
	1995	311.8		312.8		315.3		316.3		319.8			
	1996				353.3		317.8		330.3		354.8		355.3
	1997	332.8			327.8								
洛南8号	1993		245.2		229.2		230.2						
	1994	232.7		237.7		232.7		254.2		260.2		260.2	
	1995	250.2		245.2		237.2			247.8	252.7			
	1996	248.2					296.3		304.3		310.3		310.3
	1997		305.3	300.3									

区的包气带和含水层岩性,见表 5-4。

水源井距回灌坑的距离是比较重要的因素(见表 5-1)。距离回灌坑比较近的水源井,其水质总硬度变化反应比较大,一般几个月,甚至一个多月硬度就降下来;距回灌坑比较远的水源井降幅比较慢,滞后一年甚至两年,水质总硬度降幅亦较小。

表 5-4 回灌水量与水硬度变化(总硬度最大降幅)

水源地	回灌水量	水位升幅(平均)	水质变化幅度
洛张	250 万 m^3	0.87m	-120 mg/L
洛南	350 万 m^3	1.44m	-40 mg/L
张庄	486 万 m^3	2.35m	-260 mg/L

除上述因素外,还与回灌影响区的水源井的抽水量有关,我们发现,在回灌影响期间,抽水量越大,那么回灌影响就越明显,亦即其水质硬度降幅越大。

5.3 防治对策

洛阳市潜水不仅水量丰富,且水质良好,是该市赖以生存的饮用水水源,保护好地下水资源,控制和改善水质硬化具有重要意义。

综观前述,洛阳市地下水硬化原因主要是地下水大量开采以及城市污染所致。所以,应重点研究控制水质硬化、改善水质的对策,首先针对其硬化的根源,结合当地水文地质特征,利用本身所具有的特定条件,以控制污染和加强地下水补给为核心,采取相应的对策和措施,控制水质硬化,降低水质硬度。

5.3.1 有效控制城市污染

(1)造成地下水水质硬化的城市污染中以水污染为主,其中影响最大的是工业废水和城市污水的直接下渗。所以,首先要对工业废水和城市污水实施综合治理,自排放口至污水处理厂沿途要严格防渗;严格控制水源补给区的污灌和污水直接排放;要进行污水处理,城市污水经处理达标后才能向河道排放。

(2)严格监控地下水补给区、抽水漏斗等区的工厂排污，特别要禁止含酸碱的工业废水不加处理任意排放，严禁向渗坑、渗沟、渗井排放，最大限度地减轻地下水的直接污染，杜绝地下水硬化的主要污染源。

(3)在控制水污染的同时，还要治理城市固体废物的污染，要禁止向河渠、水源地及其补给区倾倒和堆放废物，要搞好固体废物的合理处置，垃圾处理场要有严格的防渗处理措施。除控制上述污染外，还应该综合防止大气方面的污染，减少酸雨入渗对土壤的影响。

(4)制定法规，保护地下水资源。水质硬化是洛阳市地下水污染和水质恶化的主要方面，大量开采也是造成硬度升高的重要因素，所以要把预防地下水硬化纳入洛阳市地下水资源保护之中。

拟在本文研究的基础上，进一步开展地下水保护区划的研究，进而制定切实可行的地下水保护规划，向有关行政、立法部门建议，作为行政规章或立法，达到强制保护饮用水源的目的。

5.3.2 实施清洁地表水回灌

回灌试验已充分证明，用较清洁的地表水回灌，不仅有巨大的社会经济效益，也是保持地下水动态平衡、保护地下水资源的切实措施。因此，应选择合适地段利用特有的水文地质条件，定期定量地实施地表清洁水回灌，可规划利用洛河水、伊河水，有条件还可引小浪底水库水在地下水开采量大已形成降落漏斗的地段回灌。

另外，还可以综合利用部分经治理达到有关标准的工业废水实施回灌，特别是利用软化冷却水回灌，会有更明显的效果。此举不仅可以节约水资源，减少废水排放量，还可以达到降低硬度、改善地下水质的目的，可为一举多得。

研究表明，如每年能回灌 2 000 万 m^3 的地表水，就基本上可以扼制地下水主要供水水源的硬化趋势，局部地段的水质尚可有所改善。

与地表水回灌密切相关的是在洛河建坝的问题，有必要在本文阐述清楚。

洛阳市城市建设规划在近期要建洛浦公园，并在洛河的城市段将建几条坝以形成水面。作为城市环境综合整治是一项重大举措，而且在形成洛河水面过程中将导致大规模的洛河水回灌地下，补充地下水，无疑在软化地下水质方面将发挥明显作用，值得大力提倡和积极推动。但是，洛河水回灌补充地下水源将是一个严肃的地下水质保护问题，必须作充分的论证和必需的防护对策，这里要提出以下两大问题：

(1)洛河洛阳市段水质已经严重污染，特别是下游枯水期的水质不具备回灌条件，这类污染水入渗地下，会造成地下水污染。

(2)洛河形成水面将完全改变洛河对地下水正常的(天然的)补给机制，有可能出现初期大量畅通无阻地回灌地下。但由于泥沙的不断淤积和堵塞作用，导致地表水下渗减少，产生负面影响。

因此，建城市水面要作环境影响评价，并进行必需的科学试验。

5.3.3 开发利用地表水资源，节约用水，控制地下水开采

(1)适当利用一部分地表水补充饮用水源，既可减少部分地下水开采量，亦可改善部分高硬度水质。目前洛阳已经实施的引陆浑水库水作饮用水工程，日引水12万t(二期将引水24万t/d)，引入市供水水厂，混合供水，由于稀释作用可以降低现有供水水质硬度。陆浑水库水质总硬度低于200 mg/L，引入的涧东水厂原供水为24万t/d，那么将使混合水水质总硬度比原水质总硬度降低1/3。如果二期引水工程实现引水24万t/d，则混合水质将比原水总硬度降低1/2。依托小浪底水库建成优势尚可引用部分黄河水作为本市饮用水源的补充，同样可以起到改善水质硬化的目的。

(2)进一步推进全社会的节约用水活动,保护水资源是可持续发展战略的一个重要方面。我们实施节水措施就等于减少了地下水的开采量。在城市工业用水、生活用水方面,节水工作进展顺利,节水成效也很明显。但值得提出和要解决的是农业用水,洛阳市农业用水中,开采的地下水占相当的份额,而农用地漫水灌溉方式落后、浪费严重。现在科学种田、节水农业已经在全国农业生产中推广,洛阳市郊区的农业生产也必须把节水农业放到重要的位置,建议尽快改善落后的灌溉方式,特别是在地下水灌溉区,此举同时还可减少农田、化肥等对地下水的污染。

5.3.4 实现污水资源化

城市污水处理厂的建设,是实现污水资源化的核心,应该综合考虑污水处理与回用两个目标,处理后的污水主要应回用于农业灌溉,其次是电厂、工业、市政等方面。根据"六五"科技攻关项目"华北地区水资源评价与开发利用"的研究成果,污水经二级处理加再用处理,其基建投资相当于 36 km 引水(杂用水)或 43～56 km 引水(对于要求较高的工艺用水),超过这些距离的引水方案都不及污水再用方案经济。经粗略估算,仅涧西污水每年的排放量就达 5 361 万 m^3,几乎相当于洛阳市开采量最大的水源地——洛南水源地一年开采量,这么大量的污水排放,不仅污染环境,也是水资源的一种浪费。因此,实现污水资源化是缓解水源紧缺、防治水污染的一条主要途径,把经济效益、社会效益、环境效益统一起来,是当前水资源保护工作中一项势在必行的任务。

5.3.5 加强管理

水是大气降水循环再生的动态资源,地面水和地下水又互相转化,难以按地区、部门或城乡工农的界限划分。只有实行统一管理、合理调度,才能合理开发,充分利用和保护有限的水资源。因此，必须由无计划、分散的管理发展到有计划的统一管理，由单纯的行政管理发展到行政、经济、技术手段综合管理，并利用现代计算机与信息系统技术，实现管理的定量化、科学化。

(1)建立有权威的统一管理体制。洛阳市1981年成立了计划节约用水办公室，统筹洛阳市各用水户的计划节水工作，取得了很大成绩。但是目前洛阳市的供水已由单一的地下水源发展到地下水、地表水源等多渠道供水，今后还要建污水处理厂实现污水资源化；同时，工厂、单位及新建小区的节水和污水回用工作也将不断展开，使水资源的管理日趋复杂。因此，必须在管理体制上与之相适应，建立有权威的统一管理体制，克服各自为政、各谋其利等引起的开发利用矛盾的弊端。

(2)根据水法制定地方性法规。根据洛阳市地下水开发利用及保护中的问题，按照《中华人民共和国水法》的规定，制定出地方性法规，实行依法治水。如：《城市自来水厂地下水源保护管理办法》、《计划用水节约用水管理办法》、《地下水开源工程审批管理办法》等，使管理有法可循，奖惩有法可依，以保持地下水资源的可持续利用。

(3)开发利用地下水，应维持采补平衡。对已超采地区，应采取回灌补源措施，严格控制采水量。一个地区地下水的丰富程度和可利用资源量的大小，主要取决于地下水的补给、储存和开采条件。而正确的地下水资源评价需要足够的水文地质勘探资料、长期的地下水位观测资料及对有关参数的不断研究。如降水入渗补给系数、给水度、潜水蒸发率和渗透系数等。洛阳市自1986年开始建立了市区范围内浅层地下水的数学模型，对地下水资源进行了评价，并对不同开采方案进行了预测。利用已建立的地下水量模型及水位监测资料，不断对开采状况进行预测预报，以便分区进行管理。做到既开发利用地下水，又维持采补平衡。

(4)建立地下水监测网，为地下水管理提供基础资料。通过地下水监测网的建立,定期、定点、连续系统地观测和化学取样分析,可以了解地下水的运动方向、速度以及在地下水流经含水层途中所发生的水质变化的特征和范围。监测项目除常规的水质测定外,还必须强调对人类健康危害的微生物病菌、微量有机质和微量无机物等污染物的监测,以便及时采取措施进行地下水的污染防护。

第6章 洛阳市浅层地下水保护研究

6.1 包气带防护能力评价

洛阳市浅层地下水分布广，埋藏浅，主要接受大气降水、河渠渗漏、灌溉回渗及侧向径流等补给。该层水是洛阳市工农业用水主要开采层，包气带是其接受补给和污染的主要途径，同时也是其免遭污染的保护层。现综合考虑包气带岩性结构特征，尤其是黏性土层的厚度、渗透条件及地下水位埋深，对包气带防护条件进行分区如下。

6.1.1 防护条件良好区

该区分布于邙山、“小秦岭”及龙门东、西山一带。地貌属黄土台塬丘陵区，地下水为中深层承压或层间潜水，水位埋深大于50 m，最深达百余米。包气带岩性为黏土、亚黏土夹钙质结核及结核层，在垂直方向上渗透性差，渗透途径长，并且对污染物具有良好的吸附作用。

6.1.2 防护条件较好区

该区分布于邙山、“小秦岭”及龙门等山前一带，地貌属山前洪积扇地区。地下水为潜水—半承压水，水位埋深20～50 m，包气带岩性为亚黏土、亚黏土夹薄层砂石透镜体和钙质结核，渗透性差，对水中污染物有良好的吸附作用，渗透途径较长。

6.1.3 防护条件一般区

该区分布于洛河以北的二级阶地区及伊河南岸一级阶地后

缘。地下水为潜水,水位埋深 10～30 m。包气带岩性为亚黏土、黏土夹钙质结核及黄土状土,其中黏性土厚 10～20 m,具有一定的防护能力和自净隔水作用。

6.1.4 防护条件较差区

分布于伊、洛河河间地块区,洛河北岸部分地区,属一级阶地及河漫滩。地下水为潜水,水位埋深 3～15 m,包气带岩性为亚黏土、亚砂土、砂和砂卵石层,其中黏性土(防护层厚度)在 0.5～10 m。其渗透途径短,渗透性较好,防护条件差。

6.1.5 防护条件极差区

该区分布于伊、洛河河漫滩地带,大部分地区砂及砂卵石直接裸露地表,仅局部为亚黏土,且厚度小于 0.5 m,河水与地下水关系密切,加之包气带渗透性好,对地下水的保护能力和自净能力均差,水质直接受河水、排污渠的影响。

6.2 地下水水源地保护区划分

6.2.1 污染物在包气带介质中运移规律

水、土污染的过程,就是在人为因素影响下,使某些污染物质通过不同途径,进入水、土层的过程。在这个过程中,污水在通过包气带介质渗入含水层的途中以及进入含水层中,污染物质的含量在不断地发生变化。而这种变化的规律不仅与污染物质的内在因素有关,同时也与其所处的水文地质条件密切相关。也就是说,在这种复杂的环境条件下,污染物随入渗水沿着包气带介质孔隙下渗直到含水层的整个运移过程中,介质层对入渗水中的污染物质具有一定的吸附、积累、转化和降解的能力。并以此为依据,进行了野外和室内试验,旨在了解天然条件下,非饱和状态的、不同性质的介质层对入渗污染物质的吸附、降解机理，探讨污染物质在包气带介质层中的运移规律。以便为城市污水处理选择良好的天然净化地质体和科学利用污水资源提供依据，同时为地下水保护区划分提供基础依据。

为了搞清污染物在包气带介质中的运移规律，我们对不同岩性的土体进行了水质净化试验，试验结果见表 6-1、表 6-2、表 6-3。

表 6-1 亚黏土水质净化试验结果

观测时间(h) \ 污染物	Cr^{6+}	Cl	Cu
原水水质	0.404	5 801	10
36	0.005	2 002	0.03
48	0.007	2 949	0.01
72	0.011	5 162	0.00
96	0.010	5 875	0.06
120	0.23	6 274	0.03
144	0.36	6 274	0.03
168	0.39	6 274	0.01
720	0.40	6 274	0.00

注：土样长度 1.0 m，含量单位 mg/L，下同。

表 6-2 亚砂土水质净化试验结果

观测时间(h) \ 污染物	Cr^{6+}	Cl	Cu
原水水质	0.397	5 895	10
24	0.008	2 669	0.02
48	0.045	6 000	0.01
72	0.251	6 217	0.00
96	0.32	6 297	0.00
120	0.41	6 274	0.00
720	0.38	6 004	0.00

表 6-3　中细砂水质净化试验结果

污染物 / 观测时间(h)	Cu	Pb	Cr^{6+}	COD_{Cr}
原水水质	1.45	0.87	0.34	195.93
16	0.00	0.00	0.003 1	59.5
47	0.00	0.00	0.002 2	65.01
70	0.00	0.00	0.001 3	
93	0.00	0.00		43.01
119	0.00	0.00	0.000 5	
141	0.00	0.00	0.004 5	26.55

通过对试验资料的分析、对比，得出以下几点结论：

(1)包气带介质层对重金属有很强的净化能力，尤其是对 Cu、Pb 净化能力最强。

(2)中细砂对 COD、BOD 有较强的去除能力，试验初期，降低量在 70%～80%。

(3)包气带介质层对 Cl 净化能力较弱，在短时间内介质中就达到饱和而失去净化能力。

(4)在同一介质层中，在未达到吸附饱和之前，渗出的水中污染物含量随时间的延续而逐渐减少；在达到饱和以后，渗出水中污染物含量随时间延续而增加。

(5)天然介质层对不同污染物吸附降解能力不同。

(6)天然介质层的吸附降解能力因性质不同而异。黏性土吸附降解能力大于砂性土的降解能力。黄土状亚黏土、亚黏土、中细砂的吸附降解能力依次降弱，重金属污染物主要积累于 0～30 cm 深介质内(土壤层)，这是因为土壤中含有大量的有机质所致。

6.2.2 地下水水源地保护区划分原则和方法

地下水水源地保护,即卫生防护带的建立问题,是当前地下水污染和保护研究中的关键性问题之一。从水文地质学观点出发,建立地下水水源地防护带时,主要有两个重要问题:第一是确定卫生防护带大小的方法;第二是对各卫生防护带规定的卫生防护措施内容。一般来说,卫生防护带越大,保持地下水良好水质的可靠性也就越高,但是,当卫生防护带过大时会对经济建设造成一定的影响,导致一定的经济损失。当在每一个水源地区内有区别地对待自然环境条件与经济条件时,便可正确解决这个问题。此时应予以着重考虑的问题是:①水源地区内在人为利用条件下,地下水污染的危险程度;②所开采含水层的水文地质条件,尤其是其天然防止污染的条件;③水源地的开采技术条件及出水量。本次地下水水源保护区划分就是在综合考虑上述各方面因素的基础上进行的。

6.2.2.1 保护区划分原则

地下水水源地保护区划分原则如下:

(1)根据原国家环保局、卫生部、水利部、地矿部共同颁发的(89)环管字 201 号文《饮用水源保护区污染防治管理规定》,按照不同的水质标准和防护要求划分保护区(即一级保护区、二级保护区、准保护区)。

(2)依据水源地环境水文地质特征、水源地开采条件及水源区内工农业生产布局等划分保护区,既能防止水源地附近地区对水源地的直接污染,又能对突发性污染事件有采取紧急补救措施的时间和缓冲地带。

(3)在保证饮用水水源地水质前提下,划分水源地保护带应尽可能小。

6.2.2.2　**保护区划分技术指标与方法**

洛阳市地下水水源地所处的环境地质条件及水源地类型比较简单,采用如下技术指标和方法划分保护带。

1)技术指标

距离:水源井至保护区边界的长度(m)。

运移时间:污染物在地下水中运移到达水源井经历的时间(d)。

地下水系统边界:地下水分水岭及含水层边界即水文地质单元边界。

2)包气带防护能力

包气带是地表污染物质进入地下水中的必经途径。因此,包气带防护能力大小直接影响着水源地保护区的设置。包气带的防护条件可用包气带厚度、岩性特征、地层组合及岩土层的渗透性能来评价。包气带吸附净化能力除与介质层有机质土壤胶体(黏土、腐殖质胶体)的固定能力与数量有关外,还与组成黏性土的黏土矿物中的 Fe、Mn、Al 等吸附离子有关,但亦受氧化还原环境和 pH 值所制约。包气带介质吸附能力大小与颗粒的比表面积有关,颗粒越细,比表面积越大,渗透能力越弱,吸附能力越强;比表面积越小,渗透能力越大,吸附能力越弱。本区包气带防护条件评价见前文所述。

3)水源地防护区半径确定

洛阳市供水水源地类型均为第四系松散岩类孔隙潜水或半承压水可采用下式计算水源地保护区半径

$$r = \sqrt{\frac{Q}{\pi \cdot i}\left[1 - \exp\left(-\frac{ti}{bn_0}\right)\right]}$$

式中　r——水源地保护半径,m;

b——含水层厚度,m;

t——滞后时间,d;

i——地下水垂直补给量，m/d；

n_0——有效孔隙度；

Q——开采量，m^3/d。

洛阳市水文地质研究程度很高，多年来的地下水流场特征都很清楚。亦可利用流速法计算各点水流的运移距离

$$S = V \cdot t = K I n_0 \cdot t$$

式中 S——计算点至水源井的距离，m；

V——地下水实际流速，m/d；

K——含水层渗透系数，m/d；

I——水力坡度；

n_0——有效孔隙度；

t——水流运移到水源井时间，d。

计算结果详见表 6-4、表 6-5。

表 6-4 水源地防护带半径计算结果(流速法计算)

水源地名称	渗透系数(m/d)	水力坡度(‰)	含水层孔隙度	滞后时间(d)	防护带半径(m)
张庄	70.00	8.00	0.27	50	103.70
临涧	90.00	4.00	0.27	50	66.67
下池	90.00	2.00	0.27	50	33.33
五里堡	90.00	5.80	0.27	50	96.67
后李	70.00	5.30	0.27	50	61.83
王府庄	70.00	5.30	0.27	50	61.83
洛南	70.00	8.00	0.27	50	103.70
李楼	120.00	3.14	0.27	50	69.78
东郊	80.00	6.01	0.27	50	88.86

注：水力坡度系据 1998 年洛阳市浅层地下水流场图及水源地条件确定。

表 6-5 水源地防护带半径计算结果

水源地名称	平均单井涌水量(m^3/d)	降雨量(m)	垂直补给量(m/d)	入渗系数(d)	滞后时间(d)	含水层厚度(m)	防护带半径(m)	含水层孔隙度
张庄	3 466.67	0.59	0.000 330	0.19	50	20.1～28.36	84.86～223.80	0.27
临涧	7 560.00	0.59	0.000 330	0.19	50	28.67～40.2	105.27～875.41	0.27
下池	5 211.11	0.59	0.000 330	0.19	50	21.39～40.2	92.7～726.80	0.27
五里堡	6 166.67	0.59	0.000 330	0.19	50	40.2～61.19	89.81～236.85	0.27
后李	4 400.00	0.59	0.000 267	0.19	50	10.75	147.24～1 163.4	0.27
王府庄	2 680.00	0.59	0.000 267	0.19	50	17.5	90.10～735.91	0.27
洛南	5 955.56	0.59	0.001 57	0.19	50	44.4～56	79.09～617.33	0.27
李楼	5 891.30	0.59	0.001 27	0.19	50	46.9～69.93	70.43～567.10	0.27
东郊	4 444.44	0.59	0.000 636	0.19	50	30.6～39.53	81.37～659.57	0.27

注：垂直入渗补给量包括降水入渗、灌溉回渗、渠道入渗、河流渗漏等。

6.2.3 水源地保护区划分技术要求和依据

6.2.3.1 一级保护区

一级保护区位于水源地开采井周围，其作用是保证集水有一定的滞后时间，防止一般病原菌污染和防止任何有害物质渗入。具体要求如下：

(1)据国内外有关资料介绍，沙门氏杆菌等细菌在地下水中的极限存活时间为44～50天，到这个时期水中所存在的细菌及其他有机质一般都死去了。因此，一级保护区采用50天生存期作为滞后时间，以50天水流运移的距离作为一级保护区的边界。

(2)现行GB5749—85中《生活饮用水卫生标准》有关水源卫生防护规定要求，水源井周围最小距离为30 m，所以，一级保护区边界距离水源井的最小距离应不小于30 m。

(3)直接影响水源地水质的补给区均划为一级保护区。

6.2.3.2 **二级保护区**

二级保护区应能保证水源不受各种化学污染与放射性污染及其他有害物质影响。具体要求如下：

(1)根据Φ·M·鲍切维尔等人的资料及国内有关资料，从二级保护区边界到达水源井水流运移时间为10～25年，本次工作采用10年。

(2)根据多年来洛阳市地下水流场特征予以确定，原则上以开采降落漏斗边缘作为二级保护区的边界，或以地下水系统的边界作为边界。

(3)充分考虑不同地段包气带防护能力及工农业生产布局等因素。

6.2.3.3 **三级保护区(准保护区)**

三级保护区即位于饮用水源地二级保护区以外的主要补给区，其作用是保护水源地的补给水源水质和水量。主要依据环境水文地质条件确定。

6.2.4 水源地保护区分区

根据洛阳市集中供水水源地水文地质条件及水源地开采布局，水源地保护区分区确定如下。

6.2.4.1 **张庄、临涧、下池水源地**

张庄、临涧、下池三个水源地均位于洛河北岸，属傍洛河型松散岩类孔隙潜水，开采深度均小于 60 m，含水层岩性为第四系上更新统和全新统冲积砂卵石，其厚度 21.39～28.36 m，K 值为 80～110 m/d。地下水主要接受来自邻区的侧向径流补给、大气降水补给、涧河水及洛河水渗漏补给。其中，洛河渗漏补给是其主要的补给来源，受开采影响形成了以张庄水源地为中心的降落漏斗，中心水位埋深 19.1 m。根据 1998 年度水质分析资料，采用国标 GB/T14848—93《地下水质量标准》评价，临涧水源地水质较差，综合评价分值为 2.26～4.33；张庄水源地水质良好到较差，较差井占 40%，综合评价分值 2.22～4.33；下池水源地水质良好，综合评价分值 2.19～2.24。除总硬度(张庄 1 号、3 号、5 号、7 号、10 号、临涧供水井)超现行国标 GB5749—85《生活饮用水卫生标准》外，其他都符合标准要求。但从多年水质演变趋势分析，水中总硬度、F^-、SO_4^{2-} 等离子含量有逐年上升之趋势。

包气带厚度 12～25 m，表层覆盖黏性土厚度 0～10 m，包气带防护条件从洛河漫滩的较差逐渐变化到远离洛河的一般区。

洛阳电镀厂污染事故：1965 年，电镀厂废水排入距厂外 35 m 处的自然渗坑，引起距渗坑 19 m 处井水中六价铬离子含量增加，达 1.2 mg/L(废水中 Cr^{6+} 含量为 7.5 mg/L)，致使 307 人饮水者中毒。由于废水入渗，使包气带亦遭受 Cr^{6+} 污染，1980 年在该厂原渗坑附近打孔取土分析，深度 10～20.5 m 范围内，Cr^{6+} 含量高达 4～6 mg/kg。另据 1992 年监测资料，Cr^{6+} 沿地下水流向向东北扩散了 1.8 km，形成 1.6 km^2 的污染带，可见其污染持续时间之长。

洛阳仪表厂污染事故：仪表厂 1967 年建成投产，废水直接排入涧河，导致临涧水源供水中 Cr^{6+} 含量升高。1975 年 6 月由于排污管道破裂，污水入农田下渗。1975 年 7 月，临涧水源 2 号井水 Cr^{6+} 含量达 0.06 mg/L，超现行生活饮用水卫生标准 0.2 倍；1992 年最高含量为 0.6 mg/L，超标 11 倍。其排放点距临涧 2 号井 300

m,导致2号井一直停用。

根据计算,结合包气带防护能力调整,水源地井一级保护区边界为100 m,考虑到洛河滩防护条件不好,因此岸边地带亦划定为一级保护区。又因张庄水源地1号、13号、2号及临涧水源地1号、2号、3号供水井均傍涧河分布,所以,此段涧河段亦划分一级保护区。二级保护区西边界从苗湾南洛河边—浅井头—同乐寨—史家屯,北部边界至阶地后缘(考虑到自备井保护)东边界至定鼎路。准保护区从延秋街市界开始向东至苗湾。

6.2.4.2 **五里堡水源地**

五里堡水源地位于洛河北岸阶地后缘,傍瀍河分布;生产井6眼,开采量3.13~3.73 m^3/d,开采深度小于90 m。含水层厚度40.2~61.19 m,岩性为砂卵石,水位埋深小于25 m,包气带上覆黏性土厚度10~20 m,其岩性为黄土状土,垂直渗透性较强,防护条件一般。该水源地位于市区因人工开采形成的地下水低槽区,主要接受来自上游、南部洛河的侧向径流补给以及瀍河水的垂直渗漏补给,地下水总硬度除4号井外全部超标,据1998年水质资料,采用GB/T14848—93《地下水质量标准》评价,属水质较差级,单井综合评价分值4.32~7.14;其中4号井综合评价分值为2.26,属良好级。

五里堡水源地位于污染严重的瀍河边,地下水污染严重,从1号井水质变化情况看,NO_3^- 已由1988年的15.8 mg/L增加到现在的18.8 mg/L,总硬度从449.6 mg/L增加到现在的466.42 mg/L,NH_4^+、NO_2^- 均有检出,含量分别为0.02 mg/L和0.01 mg/L。

洛阳石油化工厂污染事故:石油化工厂位于洛阳火车站西头,该水源地上游,1971年因排污水污染洛阳站2号井水,造成旅客和车站部分职工饮水后中毒。污水渗距2号井10 m,1971年8月初渗坑积水,到1971年9月5日发生中毒事件,据1971年11月份水质资料,水中石油类含量 750 mg/L,挥发酚含量为 780 mg/L;井水中石油类含量 70.3 mg/L,挥发酚含量为 15 mg/L,井水变为深黄色,具微涩苦咸味。

综合考虑一级保护区半径取 90 m,瀍河河谷区亦划分为一级保护区;二级保护区西部以定鼎路为界,北部到邙山脚,东部边界到焦枝铁路,南部到洛河。准保护区为邙山段的瀍河河区(长条状)。

6.2.4.3 东郊水源地

东郊水源地位于洛河北岸白马寺孙村至唐寺门之间,供水井 9 眼,井距 500 m,沿陇海铁路北单排布置,设计开采量 4.0 万 m^3/d,于 1998 年底全部建成投产,开采深度小于 70 m,含水层岩性为砂卵石,厚度为 30.6～39.53 m,包气带厚度 8～18.65 m,包气带上覆黏性土厚度 10～20 m,岩性为黄土状土,包气带防护条件一般。地下水主要接受西部、北部及南部的侧向径流补给和降水渗入补给,洛河水是该水源地的主要补给来源。据 1998 年水质资料,水质良好,单井综合评价分值 2.26～2.28,完全符合现行《生活饮用水卫生标准》,但从区域(补给区)水质看,有菌类、亚硝酸盐氮、总硬度超标。根据计算,水源地一级保护区半径取 80～90 m,二级保护区西北部以邙山山前为界,东到市界,南以洛河为界,包括洛河河床漫滩。

6.2.4.4 后李、王府庄水源地

后李、王府庄水源地位于洛阳市涧西区,属傍涧河型,第四系松散岩类孔隙水水源地。后李水源地供水井 4 眼,现仅用 1 眼;王府庄水源地水井 5 眼,开采量 1.34 万 m^3/d;两个水源地开采深度均为 60 m。含水层岩性为砂砾石,厚度 10～17.5 m。地下水主要接受降水入渗,上游的地下水径流补给及涧河水渗漏补给。包气带厚度 21～28 m,岩性为冲洪积黄土状土,垂直渗透能力较好,防护条件一般。后李水源地建井初期水质(背景水质)较好,但由于

水源地位于电厂及符家屯硫酸厂附近，受其污染，水质变差，如后李水源 4 号井建井初期（1962 年），SO_4^{2-}、总硬度含量分别为 121.5 mg/L和 286 mg/L，硫酸厂废水中硫酸含量高达 1 364.1 mg/L，总硬度 660.45 mg/L，造成 4 号井水 SO_4^{2-} 及总硬度明显升高，分别达 261.6 mg/L 和 639 mg/L，1992 年时分别为 711.82 mg/L（SO_4^{2-}）、1 043.44 mg/L（总硬度），因此后李水源地现基本停用。王府庄水源地地处涧河上游，据 1998 年水质资料，水质良好，完全符合现行国标《生活饮用水卫生标准》，但多年水质监测资料分析，地下水 SO_4^{2-}、NO_3^-－N 总硬度均呈上升趋势。

根据计算及包气带防护能力，一级保护区半径取 60～100 m，两个水源地北侧的涧河河谷亦划为一级保护区；二级保护区的确定考虑到王府庄水源地、拖厂水源地、后李水源地与轴承厂水源地均联成一片，并开采同一层水，从谷水往东到同乐寨的涧河河谷划为二级保护区，谷水以西至市界包括涧河划定为准保护区。

6.2.4.5 洛南、李楼水源地

洛南、李楼水源地均位于伊、洛河间地块上，傍洛河分布。洛南水源地有生产井 27 眼，开采深度 70 m；李楼水源地有生产井 23 眼，开采深度 70 m。两个水源地水文地质条件相似，主要含水层为第四系松散岩类孔隙潜水含水层，岩性为砂卵石，厚度一般为 30～50 m，最厚可达 70 多 m，主要接受洛河水侧渗及垂直渗漏补给。据 1998 年水质分析资料，两水源地水质良好，符合现行《生活饮用水卫生标准》。但从多年水质变化情况看，各离子含量有逐年上升趋势。水源地地区包气带厚度 4～20 m，上覆黏性土厚度 0.5～10 m，包气带防护能力较差。

污染事例：洛阳洗衣粉厂位于郊区关林镇，1969 年建成，1970 年投产，生产废水全部排入厂北大坑（渗坑），投产不到一年，发现下游钢厂井水中出现有害物质——烷基苯磺酸钠（即造洗衣粉原料），含量达 2.1 mg/L，超标井距污坑 2 km。相隔 1 年 3 个月后，

经复查检验，在相同取样点阴离子合成洗涤剂含量又增加1倍左右，超标范围又向下游延伸2 km。

根据计算及水源地所在水文地质条件，对两水源地保护区划分如下：

(1)洛南水源地。一级保护区半径80～100 m，洛河漫滩为一级保护区，考虑开采降落漏斗特征南到关林南铁路，东到洛龙路东东岗村、铁匠村，西到西杨屯至徐屯一线。

西杨屯至徐屯一线以西至市界及关林铁路南至龙门西山划分为二级保护区。

(2)李楼水源地。一级保护区半径80～100 m，二级保护区自一级保护区边界再向外推700～1 000 m，根据地下水流场特征，安乐桥至李楼、潘寨北洛河河漫滩亦划分为二级保护区，水源地上游自二级保护区边至伊河，包括伊河水划分为准保护区，下游不设保护区。

第 7 章 结论与展望

7.1 结论与建议

7.1.1 结论

(1)洛阳市区地下水总硬度总体呈上升趋势,年均上升 7.8 mg/L($CaCO_3$),严重超过国家饮用水标准,最高达1 992.3 mg/L($CaCO_3$),局部受到污染和水文条件的影响,出现暂缓和或加剧的偏异现象,造成地下水总硬度升高的原因主要有:

①地下水中有机物的增加,使地下水中 CO_2 的平衡分压增加,导致 Ca、Mg 难溶盐的饱和度增加,进而提高地下水中 Ca^{2+}、Mg^{2+} 的含量,表现为地下水硬度的升高。

②由于生物降解作用产生的酸类及酸性工业废水溶解土壤含水层中 Ca、Mg 矿物,产生次生易溶盐,随水渗入到地下水中导致地下水硬度升高。

③污水入渗过程中发生阳离子交换作用(K^+、Na^+、NH_4^+)置换出来的 Ca^{2+}、Mg^{2+} 进入到地下水中,导致地下水的硬度升高。

④人工开采地下水导致地下水位下降,形成地下水降落漏斗通过氧化作用形成酸液,溶解地层中的 Ca、Mg 矿物,随水进入到地下水中,使地下水的硬度升高。

(2)与洛河河水有密切转化关系的部分地下水水源,其水质总硬度受到低硬度河水补给的稀释作用,其水质硬化程度大大缓解。

(3)用较清洁的低硬度地表水回灌,可以降低地下水总硬度,其效果十分明显,以此为重要措施,可减缓饮用水水质硬化程度,改善和保护水质。

(4)开发利用地表水,补充供水不足,不仅可以减少地下水开采量,而且可增加对地下水的补给量,缓解地下水硬化,保护地下水资源。

7.1.2 建议

基于洛阳市区实际情况,除了需要健全地下水管理体系和污染控制体系,制定有关措施政策外,还应加强研究力度,就研究现状看,还不能满足地下水管理和水污染防治的要求。

根据洛阳市工业区大部分坐落在洛河北岸,地下水主要靠河流补给,并且局部出现超采的实际情况,特提出如下保护对策。

7.1.2.1 保持洛河的水力屏障,防止洛河北岸工业区的污染物南移,保护南岸良好的地下水,是防止地下水污染的宏观措施

由于污染物迁移方向总是与水流方向一致,长期形成的固定位置的"漏斗",污染物不断向漏斗中心聚集,使局部水质恶化。随着开采量的增加,会导致地下水流场变化,不仅污染面积扩大,污染物浓度也会增加。合理开采地下水,保持合理的水位降深,在漏斗区进行人工回灌都是防止地下水局部水质恶化的措施。目前正建设中的水面工程可以说是一个大的人工回灌工程。从1998年枯水期流场图上可以看出,该工程正处在地下水抽降漏斗及水位低槽区附近,这不仅对填补地下水降落漏斗和防止降落漏斗的进一步增大,会起到积极的作用,而且还可能较好地形成洛河的天然"隔水墙",该"隔水墙"即为防止污染物由洛河北向洛河南迁移的天然屏障。

7.1.2.2 实现地面水功能区的保护目标

洛阳市浅层地下水主要由河流补给,占补给来源的56%,而洛河占46%。因此,改善河流水质是防治地下水污染的重要措施。

洛阳市区地面水功能区划于1990年完成并公布实施，1993年又对功能区划分进行定性与定量相结合的研究，功能区划分明确提出主要以保护地下水饮用水源为目的，而市区各地面水功能区，均为水源地的一、二级保护区或准保护区。因此，使用功能决定了划分功能只是Ⅱ、Ⅲ类功能区。一般来说，入市区的水质要求达到GB3838—88《地面水环境质量标准》Ⅱ类，流经市区的地面水达到Ⅲ类水质，而目前，入市区及流经市区的水质都大大超过功能要求。洛阳市入市区及市区段河流水质类别见表7-1。

表7-1　洛阳市入市区及市区段河流水质类别

功能区名称	功能区断面	功能区类别	1998年水质类别	划分水质类别因子
洛08	高崖寨—涧河口	Ⅱ	$Ⅳ_3$	非离子氨、NO_3-N、石油类
洛09	涧河口—漫水桥	Ⅲ	$Ⅴ_6$	高锰酸盐指数、COD、BOD、非离子氨、挥发酚、石油类
洛10	漫水桥—白马寺	Ⅲ	$Ⅴ_3$	COD、非离子氨、石油类
01	前李村—潞泽会馆	Ⅲ	$Ⅴ_6$	溶解氧、高锰酸盐指数、BOD、COD、非离子氨、石油类
伊12	龙门—西石桥	Ⅱ	Ⅴ	石油类
伊13	西石坝—伊河桥	Ⅲ	$Ⅴ_2$	高锰酸盐指数、COD
涧05	党湾—中州桥	Ⅲ	$Ⅴ_2$	COD、石油类
涧06	中州桥—入洛河口	Ⅲ	$Ⅴ_7$	高锰酸盐指数、COD、BOD、石油类非离子氨、NO_2-N、NO_3-N、挥发酚

前已述及，正在建设中的水面工程是一个大的人工回灌工程，对补充地下水源将起到重要的作用。目前，回灌水质尚未有国家统一标准，表7-2列出了上海市人工回灌水质标准。采用河水回灌地下水，必须达到一定的水质要求，防止引起地下水水质恶化及含水层阻塞。因此，改善河水水质使之达到功能要求是保护地下水不受污染的根本措施。

要使洛阳市区段河流水达到功能区划分要求，必须进行综合治理，对上游及市区段污染源进行控制，各排污单位要削减污染物排放量，污染物排放浓度必须符合 GB8978—1996《污水综合排放标准》，并限期治理。同时提倡企业进行清洁生产，鼓励企业改革生产工艺，回收利用，减少污染物产生量和排放量。尽快完成大明渠、中州渠、瀍河和城市污水管网改造工程。充分发挥故县水库的调控作用，增大洛河枯水期流量，以增加市区段洛河的过境流量，提高洛河纳污能力，保证水体功能要求。

表 7-2　上海市人工回灌水质标准

物理性质	
温度	冬灌水温平均 10 ℃左右，夏灌水温平均 30 ℃左右
嗅和味	无异嗅和异味
色度	无色或色度不超过 20 度
浑浊度	不超过 10 度（1 浊度单位相当 SiO_2 1 mg/L）

化学性质（mg/L）			
pH 值	6.5～7.5	六价铬	＜0.5
氯化物	＜250	铅	＜0.1
溶解氧	＜7	镉	＜0.01
耗氧量	＜5	硒	＜0.01
铁	＜0.3	氰化物	＜0.01
锰	＜0.1	氟	＜1.0
锌	＜1	挥发酚类	＜0.002
汞	＜0.001	砷	＜0.02

7.1.2.3 **大力提倡节约用水**

节约用水是发展城市供水事业的一种非常重要的手段,不仅可以使有限的水资源在经济建设中发挥最大的作用,并且可以减少排污,保护环境。节水与其他新水源建设特别是远距离引水工程相比,具有投资少、效益大、回收快等优点。因此,应大力提倡节约用水,使市民普遍树立节水意识,制定有效的节水和水资源管理的配套法规,健全有效的管理体系,使节水工作做到制度化、规范化、标准化。

7.1.2.4 **开展供水水文地质勘查工作**

为满足洛阳市日益增长的地下水需求,减缓市区内部水资源紧张的压力,建议在伊河南岸康庄一带尽快开展供水水文地质勘查工作,为城市发展提供充足的后备水源。

7.2 研究展望

由于资料有限,时间较紧,再加上资金投入少,本次研究工作深度相对较浅,从长远来说在很多方面需要进一步加强研究:

(1)洛阳市地下水污染趋势呈现加速的态势,本次研究资料仅限于对地下水的硬度升高,因此水污染控制及污染机理研究工作应纳入下一步城市地下水管理工作的重点,并直接和政府部门的决策挂钩。

(2)洛阳市利用洛河水进行人工回灌试验已取得了一定成效,预测表明增加人工回灌对市区地下水采补平衡、水质变好具有重要作用,除继续在兴隆寨完善规模8万 m^3/d 的人工回灌工程外,在洛河上游辛店地区再建规模为8万 m^3/d 的人工回灌工程。

(3)对城市垃圾及工业固体废物的处理或处置方案必须尽早进行,对城市垃圾所需的运转站处理场,其位置应进行可行性研究,以防对地下水污染。加强对城市污水排放的管理,严禁超标排放、随意排放,尽快实现污水资源化工程。

(4)调整市区地下水开采方案,对工矿企业自备井开采进行控制,扼制地下水位持续下降态势,在伊河南岸一带的浅层地下水具有较好开采价值,应加强保护、防止污染,以作为远期发展的备用水源地。

(5)为保证地下水源的可持续利用,必须科学管理地下水,尽快建立洛阳市水量模型、流场模型、水质模型,对不同开采条件下地下水位、地下水流速及流向、水质浓度变化等进行定量描述,为政府决策提供科学依据。

(6)应加强城市污水灌溉和酸雨对地下水水质影响机理的研究,为水污染防治提供科学依据。

参 考 文 献

[1] 河南省水文地质工程地质队.地下肥水.北京:地质出版社,1979

[2] 钟佐燊.北京市地下水硬度升高的化学机理探讨.工程勘察,1984(4)

[3] 陈清.微量元素与健康.北京:北京大学出版社,1989

[4] 沈照理.水文地球化学基础.北京:地质出版社,1993

[5] Matthess G . The propertie of Groundwater John wiley and Sons, N. Y, 1982

[6] Fried J.J Groundwater pollution Elsevier Amsterdan. 1975

[7] Pye V L, et al. Groundwater contamination in the United States., University of pennsyvania press philadephia. 1983

[8] Miller D W and Scallf M R. New protites for Groundwater quality protection, Groundwater, v12, No 6, 1974

[9] Bracelona M et al. Contamination of Groundwater: prevention, Assessment, Restoration, 1990

[10] H A Vanden Berkmorted. Potable water quality improvement for the city of Amsterdam. 1996

[11] 吴勇,等.峨眉山东麓地区浅层地下水无机络合物研究.地质灾害与环境保护,1996(3)

[12] 毕二平,等.人类活动对河北平原地下水水质演化的影响研究.地球学报,2001(4)

[13] 于开宁.石家庄地下水盐污染评价.地球学报,2000(2)

[14] 宁淑清,等.金州沿海地区地下水硬度与氯离子相关关系探讨,辽宁地质,1997(5)

[15] 王东胜.石家庄市地下水化学环境演化及其水岩作用形成机制.中国地质大学学报,1995(3)

[16] 王东胜.氮迁移转化对地下水硬度升高的影响.现代地质,1998(3)

[17] 郭永海,等.河北平原地下水化学环境演化的地球化学模拟.中国科学

(D辑),1997(4)
[18] 于开宁.石家庄市地下水硬度分布及异常形成.河北地质学院学报,1996(2)
[19] 刘凌.污水灌溉过程中离子交换问题的研究.河海大学学报,1996(3)
[20] 范瑜,等.徐州市岩溶地下水硬度近年变化的新特点及其分析.江苏环境科技 1995(1)
[21] 李绪谦,等.北方地区酸雨对地下水硬度形成的影响机制分析,长春地质学院学报,1994(2)
[22] 陈静生,等.华北地区城市地下水硬度升高机理.见:环境化学论文集.北京:科学出版社,1982
[23] 蔡绪贻,等.华北地区城市地下水中主要离子含量升高机理分析.环境化学,1995(5)
[24] Gabried B and C P Gerba . Grounder pollution Microbiology ,1984
[25] 王大纯,等.水文地质学基础.北京:地质出版社,1995
[26] 杨本律,陈静生.北京地下水硬度升高问题研究.中国环境科学,1981(创刊号)
[27] 田应录.北京近郊部分地区地下水硬度升高原因的探讨.环境科学,1983(5)
[28] 王焰新.地下水污染与防治.武汉:中国地质大学出版社,2002
[29] 曹玉清,等.白域地区开采含水层的化学成分及其形成问题的探讨.长春地质学院, 2002
[30] 梁烈.贵州极硬地下水的化学特征及其分布.贵州省第一水文地质队,1999
[31] 刘亚传.石羊河下游地区地下水开采层水质演变的初步研究.中科院兰州沙漠研究所,1982
[32] 田应录.北京近郊部分地区地下水硬度升高原因的探讨.环境科学,1983(5)
[33] 蔡绪贻,等.华山地区城市地下水中主要离子含量升高机理分析.环境科学 1995(5)
[34] 陈静生,等.水环境化学.北京:高等教育出版社,1987
[35] 朱济成.硬水.北京:地质出版社,1981

[36] U.S.A.EPA, Design & constructa Final Covers of solid waste Landfill 1989
[37] Blazyk T et al.在地下水开采过程中水质的变化.见:地矿部水文地质工程地质研究所.水文地质工程地质译丛(2).北京:地质出版社,1984
[38] Stumm w, Morgan JJ.水化学.汤鸿雷译.北京:科学出版社,1987
[39] 王凯雄.水化学.北京:化学工业出版社,2001
[40] [美]约瑟华 I,巴兹勒等.饮用水水质对人体健康的影响.刘文君译.北京:中国环境科学出版社,2003
[41] 秦钰慧,等.饮用水卫生与处理技术.北京:化学工业出版社,2002